JN210161

テキーラの歴史

TEQUILA: A GLOBAL HISTORY

IAN WILLIAMS
イアン・ウィリアムズ【著】
伊藤はるみ【訳】

原書房

目次

［……］は翻訳者による注記である。

序章◉テキーラに夢中

蒸溜酒（スピリッツ）を飲む習慣は後天的に身につけるものだ。蒸溜酒を飲めば、酔いはあっという間に血液と脳に伝わるが、口に含んだとたんに感じる刺激は、すぐに繊細な味覚の悦びをもたらすわけではない。だからこそ、酒好きの人々は強い酒が敏感な喉をスムーズに通るように、カクテルやパンチ、甘味や香りをつけたリキュールなどさまざまな飲み方を考案してきたのである。あるいはまた、口に入れたら感覚器官が刺激を感じないうちに大急ぎで飲みこむという方法も発明した。

蒸溜酒の大きな利点は、その手軽さだ。広い貯蔵場所は必要なく、ビールやワインのように酸っぱくなる心配もない。昔からカクテルやパンチの材料として薄めて飲むことが多いが、濃縮するのは味のためであると同時に輸送や売買の手軽さのためでもあるのだ。蒸溜酒の樽を1個船に積むほうが、同量のアルコールを含む醸造酒の樽を10個も運ぶよりずっと簡単だ。もっとも10樽の醸造酒を運ぶことは、それだけの酒の原料となる大麦やブドウやトウモロコシやアガベ［リュウゼツラン科アガベ属の多肉植物の総称］を運ぶよりは簡単ではある。

昔から修道院や薬種商（やくしゅしょう）では何世紀にもわたって少量の蒸溜酒が作られており、「アクア・ヴィータ（命の水）」という一種の気つけ薬として珍重されていた。元気を回復した患者はその治療効果に乾杯したかもしれないが、ほとんどの人は強い蒸溜酒をストレートで口に入れることには慣れていないし、熟成の過程で樽から移るオークの香りやシングルモルトのスモーキーな香り、テキーラやメスカルが舌に与えるピリッとした刺激や、アガベを蒸し焼きにしたときの煙の香りには抵抗を感じる人も多いだろう。

そうした抵抗感を辛抱づよく克服し、酒造家の複雑で微妙な職人わざを愛することができるようになったのは、人類の偉大な精神力（スピリッツ）の勝利と言えるだろう。これまで私は、多少の危険は覚悟のうえで中国のマオタイ酒、バルカン地域のスリヴォヴィッツ（杏（あんず）の実で作るブランデー）、トルコのラク（干しブドウを原料とし、アニスで香りをつけた蒸溜酒）、インドの「地酒」（密造酒もある）、ハイチのクレラン（サトウキビから作る蒸溜酒）、アパラチア地方（米国東部の高地）のホワイト・ライトニング（アルコール度の高い密造コーンウイスキー）やアイルランドの密造ウイスキー（多くはジャガイモを原料とする）を賞味してきた。おもしろいことにこのアイルランドの密造ウイスキーはゴムのような匂いがするのだが、それはグレートブリテン島とアイルランド島の間のアイリッシュ海を航行するフェリーに乗ったトラックの、スペアタイヤのチューブに入れてリヴァプールの桟橋まで密輸されているからだという説もある。

たまたまテキーラを飲んだという人の多くと同じく、至福の世界に誘うこのメキシコの酒を私が初めて体験したのも、他の材料を加えて刺激をやわらげた飲み物、つまり大きなグラスに入ったフローズン・マルガリータを飲んだときだった。私の友人ウィンストン・コールはマンハッタンのミッドタウンにあるレストラン「ザレラ」［2011年に閉店］のバーでマネージャーをしており、このレストランではオアハカ［メキシコ南部の都市。オアハカ州の州都。歴史地区は世界遺産に登録されている］仕込みのすばらしいメキシコ料理とまるで氷河のように流れるフローズン・マルガリータを提供していた。1990年代後半、ウィンストンは、無知な投資家にうさんくさい株を売りつけては儲けた金で酒を飲みまくる株屋たちに、大きなグラスに入れたフローズン・マルガリータを大量に提供していた。ただし彼はひとりの客に飲ませるフローズン・マルガリータは3杯までと決めていて、大体はこのルールを守っていた。ある晩一組のカップルが群衆のどまん中で熱い抱擁をかわすのを見た私たちは、彼のルールが納得できた。フローズン・マルガリータは強い酒なのだ。

ウィンストンのバーの棚にはテキーラのボトルが並び、それぞれのラベルには意味不明の数字が美しい飾り文字で描かれていた。それはいかにもコニャックやシングルモルト・ウイスキーのように熟成の度合いを示すラベルのように見えた。だが私がそれをじっくり見た結果は、彼をがっかりさせるものだった。「ラベルに21と書いてあるのは蒸溜所の経営者の娘が結婚したときの年齢かもしれないね。中身の酒はそれより19年は若いよ」と私は告げた。

フローズン・マルガリータ。ほとんどの人がこのカクテルでテキーラを初めて体験する。

テキーラは昔も今も人気があるが、「テキーラか。ところで君は便器に首を突っ込んで吐いたことがあるかい?」というおなじみの文句にあるような、大学生の飲み会で無茶飲みするものというイメージは薄れてきた。テキーラそのものも、それを飲む学生たちの舌もしだいに洗練されてきたからだ。テキーラを深く愛する人々はストレートで飲むが、それはマッチョな男らしさを見せるためではなく、良い酒を楽しむためだ。かつてはバーでよく見られた粗悪なテキーラの刺激をごまかすための塩とライムの儀式、つまりテキーラを口に入れる前にライムをかじり塩をなめておくことで刺激をやわらげる飲み方も、前よりは少なくなってきた。

テキレロまたはメスカレロと呼ばれるテキーラ製造者は、テキーラの将来あるべき姿を考えるようになっていた。がぶ飲み用のテキーラを大量に売るのもあいかわらずいい商売ではあったが、シングルモルト・ウイスキーや高級バーボンやコニャックにつけられる高い値段を見れば、高級品を造って売るほうがもっといいビジネスになりそうだった。皮肉なことに、テキーラの高級化ビジネスに最初に進出したのはメキシコ人ではなかった。このニッチな市場にまず進出し、有名になったのはパトロン社（Patrón）やポルフィディオ社（Porfidio）である。後でくわしく見ることになるが、ポルフィディオ社の創設者のひとりであるオーストリア人起業家は、かなりの大金を投じてメキシコのテキーラ製造業者らを仰天させた。しかし結局は、メキシコの業者も同じ道を行くことになる。

テキーラの社会的地位を高めるためのキャンペーンには、もっぱらメスカルとの違いを強調しようとするものが多かった［メスカルはリュウゼツランを主原料とするメキシコの蒸溜酒の総称。テキーラはメスカルの一種」。今日でもテキーラの広告は、テキーラには絶対に「イモムシ」は入っていないと強調することで違いをはっきりさせようとしている。しかし1990年代の新しいプレミアム・テキーラは、それ以上のものをめざしていた。ボトルの中の虫はもちろん、塩とライム、あるいは出来合いのマルガリータ・ミックスなどを使うごまかしは一切不要であり、薬のように大急ぎで飲み下すものでもない。

今では7年物のテキーラとメスカルさえ販売されている。これは、熟成によるなめらかさと驚くほど繊細なアガベの香りとを両立させるため、研究を重ねて生まれたものである。他の蒸溜酒と同じように飲む人の嗅覚を楽しませ、口の中いっぱいに香りが漂い、舌の上をころがって複雑微妙な味を感じさせる逸品だ。

メスカルはテキーラより何年も遅れをとったものの、同じように試行錯誤を重ねながら高級化への道をたどっている。一部のメスカルは今もボトルの中にイモムシが入っているが――サソリについてはとりあえず触れないでおく――、それも高級品市場に進出しつつある。メスカルの製造業者は、彼らの酒メスカルと幻覚作用をもつペヨーテというサボテンの別名メスカルとは何の関係もない、という事実を繰り返し強調する必要があった。今も幻覚作用があると信じこんでメスカルを飲む人がいないわけではないが、メスカルの製造業者はもっと酒の良さのわかる、酒に金を惜しまない人々にメスカルを飲んでほしいと思っている。

他の多くの人と同様、私もドーリ・ブライアントによる「スピリッツ・オブ・メキシコ Spirits of

Mexico」などの大規模なフェスティバルに行って、どんなテキーラがあるかを知ることができた。しかし、アガベからの贈り物であるテキーラの真の魅力を私が知ったのは、メキシコ中西部ハリスコ州や南東部オアハカ州の蒸溜所を訪問したときだった。専門家である工場長による解説と指導で、私はこの酒の複雑精妙なニュアンスを知り、味わえるようになった。それは、先入観をもっていては味わうことのできない微妙なものだった。

私はまた、テキーラやメスカルを造る人々の熱心な仕事ぶりにも感銘を受けた。彼らにとって、できあがった酒は単なる飲み物ではなく、メキシコの伝統を抽出したエッセンスなのだった。その作業は愛する国のための、魂をこめた行為だった。職人たちは蒸溜所の一角に小さなほこらを作り、その土地の聖人の像を祀（まつ）っていた。キリスト教風に装飾された土着の異教の神々は、アガベから造った酒と神々とを結びつけていた古来の伝統が今も生きていることの証明にも思われた。

私が訪れた蒸溜所にはステンレス製の高圧蒸気加熱装置を使うところもあれば地面に掘った炉穴（ろあな）を使うところもあり、機械式の搾汁（さくじゅう）装置を使うところもあれば桶と木槌を使うところもあった。しかしそこで働く人々は誰もが自分の仕事に打ちこんでいた。アガベの根と葉を切り落とす方法や樽を作る木の種類はさまざまだったが、できあがった酒には誰もが満足し、プライドをもっていた。彼らをよく知れば知るほど、私も同じ気持ちになった。彼らが造った酒はいろいろで、私の好みに合うものもあればそれほどでもないものもあった。だがどれも心をこめて造られたことに変わりはなく、どれがすぐれているかなどと決めることは間違いだと思われた。

この本を書きはじめて、私は自分がいつの間にか作家や文筆業者にありがちな態度をとっていることに気づいた。すっかり本の中に入りこみ、メキシコが世界に与えてくれた贈り物の歴史、伝承、現在そして未来をますます好ましく思うようになった自分に気づいたのだ。この本を通じて、テキーラに夢中になった私の気持ちを読者に伝えることができたら幸いである。

第1章◉メキシコの蒸溜酒の歴史

言葉としても飲み物としても、テキーラが英語圏に入ってきたのは最近のことにすぎない。20世紀初頭、テキーラはアラック［西アジアでヤシの汁、糖蜜などから造るラム酒に似た強い酒］やウーゾ［アニスで香りをつけたギリシアの蒸溜酒］、あるいは日本のサケ（酒）と同じく、勇敢な旅行者が旅の途中で出会って旅行記に記し、母国のバーでくつろぐ酒飲みたちを驚かせるようなしろものだった。だが時とともにテキーラはバーや家庭で蒸溜酒の棚に並ぶようになり、今やアメリカでは高級酒の棚におさめられ、バーのオーナーが絶えず目を配る必要があるほど高価な酒となった。そしてこの傾向は、アメリカ以外にもどんどん広がっている。

今でも、テキーラについて知られていることと言えば、せいぜいメキシコの酒という程度の知識だろう。アイルランドやスコットランドで生まれたウイスキーは、移民とともに原料の穀物が育つ場所ならどこへでも広まったから、今ではインドや日本でもその土地独自のおいしいウイスキーが造られている。また東ヨーロッパ生まれのウオッカは、さまざまなものを原料としてほとんど世界中で作られており、ブランデーやラム酒はブドウとサトウキビが育つ多くの地域で作られている。しかしリュウゼツランの一種アガベを原料とする蒸溜酒は、法律上も生物学上も人々の意識としても、アガベが生育するメキシコの土壌と切り離すことはできない。

コロンブスの新大陸発見以降に世界中に広まったジャガイモ、タバコ、カカオ、トウモロコシなどの植物とは異なり、アガベはその生育に適した気候の土地がメキシコ以外にはほとんどない。ペルーのアンデス地方が原産地のジャガイモはポーランドでもよく育ち、ウオッカの原料となった。ポーランド人はジャガイモがもともとポーランドにあったと思っているほどだ。しかしメキシコのように乾季が長く続き、火山灰土で日照時間が長い土地は地球上にはあまりない。２００ほどあるアガベの品種のうち１５０種以上は、メキシコでしか育たない。

とは言え、メスカルとテキーラも地理的な移動と異文化の混交の産物ではある。ポーランド人が、ペルーからジャガイモを、アラビアから蒸溜法を採りいれてウオッカを造ったように、メキシコの酒もまた、旧大陸からもたらされた蒸溜器と、アガベからアルコールを造るためにメキシコの地で重ねられてきた創意工夫とが出会うことで生まれたのだ。そしてたまたま新大陸の人々も、はるか遠くに住むポーランド人が出会ったのと同じ化学上の問題、つまりジャガイモが含むデンプンとアガベの球茎（きゅうけい）［地下茎の一種。茎の基部がデンプンなどの養分を蓄えて球形に肥大したもの］が含むイヌリンという多糖類をいかに糖化し、酵母にアルコール醱酵という奇跡を起こさせるか、という問題

プルケ（アガベの醸造酒）を売る店と二輪馬車。メキシコ、1880 ～ 90年代。

を解決したのである。

　アガベの球茎が成長するには10年ほどかかる。つまり、それだけの期間を待つだけの時間と忍耐力をもつ農夫はメキシコ以外の場所にはいなかったと言うこともできる。他の地域ではアガベが生育しにくいという地理的な制約とともに、その点もメキシコだけがテキーラを産するひとつの理由かもしれない。気候などの地理的な要因に加えて、政治的な要因もある。メキシコ以外の国でテキーラを製造することを禁ずる条約や協定があるのだ。アガベの生育は他の国でもできるのだが、１９７７年以降メキシコ以外でテキーラを造ることは違法となり、１９９４年からはメスカルにも同じルールが適用されるようになった。

　これは、メキシコの国内法および国際条約により、テキーラの製造はハリスコ州およびナヤリト、グアナファト、ミチョアカン、タマウリパス各州

規制委員会の担当者による検査

の指定された地域でしか認められていないことによる。最大の産地はハリスコ州で、州内の約9割の地域で製造が許可されている。

すべてのテキーラのボトルには、蒸溜所に与えられたNOM（メキシコ公式規格）ナンバーが明示されている。蒸溜所はどこも、定められた基準を満たしているかどうか定期的にチェックされている。規制は非常に厳格で、ひとつひとつのアガベ（アガベ・テキラーナ・ウェベル・バリエダ・アスル Agave Tequilana Weber Variedad Azul――「ウェベル・アスル」あるいは「ウェーバー・ブルー」とも呼ばれる）がGPSと連動したタグをつけて管理されている。テキーラ規制委員会（CRT: Consejo Regulador del Tequila）にはアガベの信頼性を保証するためにDNA鑑定をする研究所がある。

現在のメキシコにやってきたスペイン人征服者は、アステカの先住民がアガベからとった液を醱酵させて作った飲み物を「メスカルの酒 vino de mezcal」と呼んだ。「メスカル」はアステカ人の使うナワトル語でアガベをさす「メトル metl」と、アガベを調理したり醱酵させたりするときに用いる「火」を意味する「イスコア izcoa」が一体となったものだ。そして時とともに「酒 vino」という語は使われなくなり、原料をさす言葉だけが残ったわけだ。

多くの文化に見られることだが、植民地時代のスペイン語は現代の英語のように醸造酒と蒸溜酒を区別することはなかった。現代でも中国語では醸造酒も蒸溜酒も「酒」だ。メスカルも、アガベを醱酵させただけの酒とそれを蒸溜したものの両方をさしていた。しかし19世紀末までにメスカルは蒸溜酒だけを意味するようになり、今ではメスカルが何をさすかについての混乱が見られる。原料をさしていたメスカルがそれを蒸溜した酒の名前になり、よくあることだが、そこに国や各地域のプライドが加わり――ブランド価値を高めたい業者も絡んでいるのはもちろんだが――歴史や神話がごちゃまぜになった状態である。

当初テキーラは産地の地名を入れて「テキーラのメスカルで造った酒 vino mezcal de Tequila」と呼ばれていた。肥沃な火山灰土のテキーラの町では最高品質のアガベが収穫できるとされ、テキーラ産の蒸溜酒メスカルは最高だとの評価を得ていた。乾燥した町には多くの泉があり、蒸溜に必要な水は十分だった。「テキーラ」はナワトル語で「切ることのできる場所」あるいは「作業場」を意味する言葉で、それはおそらくテキーラ火山の熱によってできた黒曜石(こくようせき)がこの町で採れたことと関係があるのだろう。黒曜石はさまざまな道具や武器の刃の部分に使われていた。火山の名前が町の名前になり、飲み物の名前になって原産地呼称となったというわけだ。

もちろんこの名前は町や州や国の境界を越えて広まっている。地元の人間だけが飲む地酒だったテキーラは、今やアメリカ合衆国へ、そして世界中へと広まりつつある。メキシコ政府はテキーラの名称を世界的な保護のもとにおくために活動している。外交団は世界中の国々と貿易協定を結ぶ努力をしてきたが、テキーラの名声と市場の広がりを受けてさらにその活動を加速させている。テキーラの原産地呼称は北米自由貿易協定で保障され、ＥＵとの協定も成立した。最近では日本とも協定が成立している。またテキーラの製造法は国連の世界知的所有権機関（ＷＩＰＯ）にも登録されている。

ついこの間までアガベを原料とした酒はすべてメスカルと呼ぶことができた。特定の地域で造られたブランデーをコニャックやアルマニャックと呼ぶのと同じで、特定の地域で造られたメスカルがテキーラだということになっていた。だが今では、そのような言い方は法律に反してしまう。メスカルもブランド化をめざすようになったからだ。オアハカとその近郊のメスカル製造業者は自ら団体を組織し、アガベから造った蒸溜酒を意味する包括的な呼称だった「メスカル」に原産地呼称と知的所有権の指定を受けている（ただしメスカルは、テキーラほど使用するアガベの品種そのものを厳しく限定しているわけではない）。いずれにせよ今では、メスカルを保護するメキシコの法律は諸外国にも認められている。

ただし、使用するアガベの品種まで限定するのは行き過ぎだという意見もある。この論法でいけば、特定の地域で地元のアガベを使って造られているライシージャ（raicilla）、ソトル（sotol）、ソクア（sokua）、バカノラ（bacanora）などの地酒はどれも呼称保護の対象になる。実際、チワワ、コアウイラ、ドゥランゴの各州で造られているソトルとソノーラ州のバカノラはすでに原産地呼称を得ている。

ここにあげたような地酒の製造者は、原料として「アガベ」と記載するのを規制しようとするテキーラ製造者の企てを懸命に妨げようとしている。外から見る者にとってもこの規制は度がすぎているように思われるから、いずれ国際社会から反対の声があがることになるだろう。これではまるでペルーが「ポテト」という呼称に保護を求めるようなものだ。しかも、「ポテト」はもともと南アメリカ先住民のタイノ語が語源だが、「アガベ」はメキシコの国境を越えて南アメリカ各地に自生していた植物にスウェーデンの植物学者がつけたラテン／ギリシア語起源の名称なのである。

第2章◉テキーラとは何か

テキーラはメキシコ国内外で保護されているだけではなく、より狭い範囲の非常に厳格な規制の対象にもなっている。テキーラ業界はよくNOMという略語を使う。それ自体は「メキシコ公式規格」のことで、さまざまな製品に適用されているのだが、テキーラ業界ほどこの規格を引き合いに出す業界はほかにない。テキーラに関する最新の規格は、2012年に定められたNOM-006-SCFI-2012である。

テキーラ産業における二大業界団体は、業界を代表して国内外にテキーラを広めることを目的とする「全国テキーラ産業会議所 Cámara Nacional de la Industria Tequilera: CNIT」と、同会議所が1994年に設立した「テキーラ規制委員会 Consejo Regulador del Tequila : CRT」である。テキーラ規制委員会はメキシコ経済省の認可を受けた非営利の民間団体で、製造、瓶詰めからラベリングまでの全過程をとおしてNOM（メキシコ公式規格）の遵守（じゅんしゅ）と品質の保証を政府から委任されている。大部分の業者が会員になっている全国テキーラ産業会議はＮＯＭの規制内容に多大な決定権をもっている。

しかしいったん定められたＮＯＭについては、規制委員会が強い強制権をもつ。検査員は絶えずアガベの畑や蒸溜所や瓶詰め工場を訪問し、規制が守られているかどうかチェックする。国外にも、まるで大使館のように、アメリカを統轄するワシントン事務所、ヨーロッパを統轄するマドリード事務所、中国を統轄する上海事務所を置き、品質管理と偽造防止に努めている。それに加えて各蒸溜所も独自の検査部門をもち、アガベ由来の糖の含有量をチェックし、原料となる液や製品の検査をしては規制委員会に報告している。規制委員会検査員の常駐事務所をもつ蒸溜所も多い。

ＮＯＭはしばしば変更される。たとえば最近ではエクストラ・アニェホ（Extra Añejo）が追加され、カテゴリーは以下のようになった。

ブランコ（またはシルバー）――製造後すぐか、２か月以内に瓶詰めされたもの。

ホーベン（またはゴールド）――ブランコ（シルバー）に、熟成されたテキーラをブレンドしたもの。熟成色をつけるためにキャラメルを少し混ぜることもある。

レポサド――容量６００リットル未満のオーク樽で２か月～11か月と30日を越えない期間だけ熟成させたもの。

アニェホ――レポサドと同じ容量のオーク樽で1年以上熟成させたもの。エクストラ・アニェ

ティエラス・テキーラ・ブランコのボトル

ホをブレンドしたものも含む。

エクストラ・アニェホ――3年以上熟成させたもの。

各カテゴリーのアルコール度数は35度から55度と定められているが、ほとんどのメーカーは、アメリカの規制に合わせて40度に設定している。一方メキシコ国内ではほとんどのメーカーが38度にして販売している。度数を下げるときは蒸溜水を加えてよいとされている。

その昔、すべてのテキーラはアガベを原料とするアルコールを87パーセント含まなければならなかった。しかしテキーラ業界とアメリカの瓶詰め業者の事情で、規制はかなり緩くなった。NOMの規格では、テキーラはアガベを原料としないアルコールを49パーセントまで含んでもよいことになっている。これにはサトウキビから造ったアルコールが使われることが多い。糖分の多いコーンシロップを使っている有名ブランドもある！　この種のテキーラは業界では「ミクスト（ミックス）」と呼ばれているが、ボトルにそれを明示しているメーカーはない。その代わり、アガベ以外のアルコールを含んでいないテキーラには「アガベ100パーセント」と誇らしげにうたっている。この表記がなければ、まず間違いなくミクストである（一方メスカルはアメリカで瓶詰めされることがないので業界の事情による圧力がなく、NOMには当初からの比率でアガベ由来のアルコールを含むよう定められている）。ミクストが造られるもうひとつの理由は、アガベ100パーセントでは一部のアジア市場で要求されている人体に有毒なメタノール含有量の限度を守るのが難しいことだ。ミクストならそれができる。

テキーラ規制委員会（CRT）はテキーラのすべてのボトルに、製造した蒸溜所に与えられたナンバーを明示することを認めている。メキシコ以外の土地で瓶詰めされたものであってもだ。NOM規格によって、アガベ100パーセントのテキーラは製造した場所で瓶詰めするよう定められているが、ミクストなら北の国境を越えて大量に出荷し、そこで瓶詰めすることができる。そこで110プルーフ［プルーフはアルコール強度を示す。100プルーフがアルコール度数50パーセント］のミクストを積んだタンク列車がアメリカに向けてひんぱんに走行している。アメリカ企業はミクストのテキーラを瓶詰めするだけでなく、さまざまなブランド名をつけて輸出しているので、メキシコとしてはその先は追跡のしようがない。したがって、アメリカを経由するものを入れればテキーラの輸出量は公式な数字をはるかに超えているものと思われる。

テキーラ規制委員会（CRT）は2004年8月、テキーラの品質を維持するためにミクストの瓶詰めもメキシコ国内に限定する提案をした。国外の瓶詰め業者によって他のアルコールや添加物が加えられ、純度を落とされることがあるからだ。しかしメキシコの蒸溜所は瓶詰め工場のために新たな投資をすることにためらいがあり、またそれ以上に、北米自由貿易協定（NAFTA）のパートナーであるカナダとアメリカが自国の輸入販売業者の営業活動が妨げられることに激しく抵抗したため、この提案は却下された。なお、メキシコ政府はテキーラの2010年のアメリカ向け輸出を7億4800万ドルと概算し、それは前年比20・8パーセント増ではあるが、

２００９年の全世界におけるテキーラおよびメスカルの販売総額は27億ドルに達している。

ミクストと言っても、中には高級ブランドもある。ペルノリカール・オルメカの蒸溜技師ヘスス・エルナンデスは「オルメカ・ブランドの中にはサトウキビの糖を原料としたアルコールを40パーセント含むものもある。今は砂糖の価格が高騰しているが、この比率は守っている。味と香りをつねに一定に保つことが、ブランドにとって非常に大切なことだからだ」と語り、「非常に上質のミクストもあれば、１００パーセントアガベでありながら粗悪なテキーラもある」と断言した。

ミクストそのものは認められているが、テキーラ業界にはひとつの差別が厳然としてある。テキーラの蒸溜所はメスカルを製造することができず、メスカルの蒸溜所はテキーラを造ることができないのだ。

◉国際的な保護

全国テキーラ産業会議所（ＣＮＩＴ）は、主要な蒸溜所のほとんどすべてが加盟する団体だ。世界中の消費者やバーテンダーに向けて大々的にテキーラの販売促進活動を行うとともに、国外での市場確保と呼称保護を推進するよう政府に働きかけている。

ＣＮＩＴがめざすのは加盟各社の地位向上だけではない。テキーラ産業はアガベの栽培と製造に３万人の雇用を生み出しており、輸送その他の関連産業に関わっている国民も多い。メキシコ経済において重要な地位を占めているからこそ、マキラドーラ［アメリカとの国境地帯にある原材料の関税免除地区で製品加工をする工場」には許されている中国への輸出ができないばかりか、北米自由貿易協定（ＮＡＦＴＡ）のもとで厳しい競争を強いられている現状は、メキシコの農業および製造業にとって重大な問題なのだ。

テキーラ業界発展の先頭に立っているのはメキシコのテキーラ製造者たち――多国籍企業の従業員にせよ地元で蒸溜所を経営する家族にせよ――、つまりテキーラという酒とそれを造る仕事に対しほとんど宗教的とも言える畏敬の念を抱いている人々なのだ。

◉密造酒から高級品へ――ブランド化

現在、テキーラもメスカルも高級品市場に進出しつつある。高級な飲み物としての認知度が高まれば高価格を設定でき、利益が増す。蒸溜酒が高級化する過程には前例がある。18世紀末、スコッチ・ウイスキーのイングランドでの販売はあまり振るわなかった。安物のジンと競合していたからである。高級なシングルモルトがなかったその頃、上流階級が好んで飲む酒はブランデーかラム酒だった。

プレミアム・テキーラへの関心を高めた先駆者は、ポルフィディオ、パトロン、ミラグロ、カサノブレなどの、理想のテキーラを造って世界市場をめざそうとしたブランドだった。高級なファッションブランドがそうだったように、彼らはまず小さな市場を開拓し、少しずつ独自の販売網を構築していった。やがて大規模な酒造メーカーも参入し、高級で高い利益が望める商品を熱心に売り

2010年産のメキシコのテキーラいろいろ

こんだ。しかしそうしたメーカーは、「純正」をうたうだけでは必ずしも高級品市場で成功できないことを知っていたようだ。彼らはブランドの独自性をむやみに強調することなく、世界中に張りめぐらした販売網を活用して売り上げをのばしていった。昔からの大農園主としての立場を利用して、ブランドの長い歴史を売り物にしてもいる。いずれにせよ、品質を大切にし、利益のための妥協はしないという姿勢は、プレミアム・テキーラを造るすべてのメーカーに共通している。

◉パトロン社

ジョン・ポール・デジョリアは１９８９年に友人のマーティン・クロウリーとともにパトロン・スピリッツ社を創業した。クロウリーは建築家で、仕事で訪れたメキシコから美しい手吹きガラスの瓶を持ち帰っていた。ふたりはその瓶に将来性を感じ、それに貼りつけるラベルとその中に入れるテキーラを造ることにした。パトロン・インターナショナル社のCOO〔最高執行責任〕、ジョン・マクドネルはこう語る。「デジョリアはヘアケア製品の販売で成功した人物だから、製品をブランド化する方法や宣伝のしかたがよくわかっていた。クリント・イーストウッドは彼の映画『ザ・シークレット・サービス』でパトロンのテキーラを小道具に使ったし、有名シェフのウルフギャング・パックは友人たちに広めてくれた。今やパトロンは売り上げ世界一のプレミアム・テキーラで、年に約245万ケース売れている」

パトロン・ブランドのテキーラは当然メキシコで造られているが、会社自体はスイスで登記されている。さらにマクドネルは、「私たちには株主に気を使う必要がない。業績はどんどん向上している。景気が後退した時期でもね。事業の拡大はすべて自己資金でまかなっている」と付け加えた。だからこそ「品質の維持には金を惜しまない。質が悪ければ、どんなにパッケージングやマーケティングに力を入れても意味がないからだ。パトロンのテキーラの品質は最高だよ。最高のアガベだけを使い、粘土製の窯で72時間かけてじっくり加熱する。破砕には機械式のローラー破砕機も使うが、昔ながらの石臼（タオナ）も使っている」ということだ。パトロン社は開業当初こそ契約蒸溜所に製造を委託していたが、後に自前の蒸溜所を建設した。古株の蒸溜技師フランシスコ・アルカラスによると、パトロンの蒸溜所は全体としては大量のテキーラを造っているが、じつはいくつかの小さな作業場の集合体であり、それぞれのチームごとに製造工程のすべてを一貫して行う仕組みになっているそうだ。「ドイツはわが社の2番目に大きな輸出先だが、いちばん売れているのはどちらかと言えば安い品だ。ロンドンはカクテル文化があるから、パトロンはとても人気がある。よいものが理解されるには時間がかかるものだ。少し前まで私たちはまったく無名だったのだから、よくぞここまで来たものだと思う」と彼はしみじみ語った。

◉オーガニック・テキーラ

２００７年、進取の気性に富むエンリコ・カルーソとクリス・メレンデスのふたりが、初めてオーガニックと認定されたテキーラ・ブランド、４コパス（クアトロ・コパス）を立ちあげた。それ以来、クアトロ・コパスおよび後続のオーガニック・テキーラは健康志向の消費者の心をがっちりつかみ、その市場占有率は拡大しつつある。メキシコでは、政府もテキーラ規制委員会（ＣＲＴ）も「オーガニック」の定義をはっきり定めてはいないが、一般に行われているようにアガベを破砕してできた醱酵前の液に混ぜ物をすれば、できあがったテキーラはオーガニックとは認められないと考えてよいだろう。一般的には、化学肥料、殺虫剤、下水汚泥、遺伝子組み換えを行った原料、電離放射線の不使用がオーガニック認定の条件とされている。アガベの畑にはさまざまな害虫が群がるから、栽培農家が殺虫剤をまきたいという誘惑を抑えるためには大変な努力を要する。

アメリカではオーガニック・テキーラの認証制度が整備されており、カリフォルニア有機農認証団体（ＣＣＯＦ）とアメリカ農務省（ＵＳＤＡ）が認定を行っている。ＣＣＯＦの認定条件は、アガベが完全にオーガニックな方法で栽培され、醱酵および蒸溜の過程で化学添加剤が使われていないことである。ＣＣＯＦは化学物質の不使用を徹底するため、衛星画像による畑の監視も行っている。ブランドイメージを大切にするため、カサノブレなどはＣＣＯＦの基準を採用している。

広告効果と経費節減の両方をめざすメーカーは、環境問題への取り組みも開始している。燃料価格が高騰しているため、アガベを破砕したあとに残る繊維くずや醱酵のあとに残るかすの再利用を考えるようになったのだ。テキーラを1リットル蒸溜したあとには5キロの繊維やかすと、10リットルの酸性の液体が残る。大きな蒸溜所付近にはそのような廃棄物が山積みにされ、環境問題になっている。しかしこれは宝の山ともいえる。繊維くずや醱酵後のかすは堆肥（たいひ）になるし、バイオガス燃料としても製紙原料としても使える。乾燥させればそのまま燃料にもなる。

第3章◉奇跡の植物、アガベ

私の家の外にはサボテンが一株ある
それはセンチュリー・ツリーと呼ばれている
百年に一度だけ
美しい花を咲かせるから
いったいいつ花が咲くのか、誰にもわからないけれど
――ヴィクトリア・ウィリアムズ（植物学者ではなくシンガー・ソングライター）

奇跡のような飲み物の原料になる植物をないがしろにする気はないが、それでもブドウは果物の一種にすぎないし、大麦は穀物にすぎないし、サトウキビは草だし、どれもだいたいは毎年収穫できる。だがテキーラとメスカルを生みだす植物は、それ自体が奇跡だ。征服者のスペイン人は、アガベが成長に7年から40年も要すると知って「奇跡の植物」と呼んだ。

アガベはスペイン人がマゲイ、メキシコ先住民がメスカルと呼んだ植物の学名である。スペイン

アガベの実生（みしょう）の苗

人はマゲイという単語を、メキシコ本土の先住民の言葉ではなく、黄金を求めて中国をめざす途中でまず行き着いたカリブ海の島々で、先住民を虐殺したり奴隷にしたりしたときに覚えた言葉から採ったのである。

英語圏ではアガベを「センチュリー・プラント」または「センチュリー・アロエ」と呼ぶ。イギリスやアメリカの新聞の地方版には、故郷を遠く離れた異国の温室に閉じこめられていたこの植物が、40年後にとつぜん生気を取り戻し、むくむくと成長して温室のガラス屋根をつきやぶったという記事がときどき載る。センチュリー（100年）というのは大げさだとしても、アガベの場合は寿命が30年を超えることはめずらしくない。もっとも、テキーラ産業にとってはありがたいことに、テキーラの原料となる種類はもう少し成長のサイクルが短い。

「ウェベル・アスル」の原生地、テキーラ山とテキーラの町に近い谷のアガベ畑。

アガベの仲間はカリブ海の島々に生育するが、約200種類のうちの大半はメキシコで見られる。おそらくメキシコが原産地なのだろう。植物学者は、アガベ属の起源は1000万年前までさかのぼるとしている。それが南北アメリカ大陸をつなぐ陸橋地帯で、過酷な環境と気候に順応して進化したに違いない。

アメリカの作家ジェームズ・ミッチェナーは小説『メキシコ』でアガベをメキシコ人の魂のシンボルだとして、次のように詩的かつ的確に表現している。

それは優美な手をもつダンサーのようだ。大地に気品と威厳をもたらし、つねに平和と構築のシンボルであり続けてきた。砕いた葉からは記録を残すための紙が作られた。干した葉は屋根を葺(ふ)くのに使われた。葉の繊維からは衣服を作る糸ができた。トゲはピンや針になり、白い根は食料になった。

スウェーデンの博物学者で、動植物の体系的な分類法を確立した分類学者でもあるカール・リンネは、マゲイに「高貴な、輝かしい、見事な」ものを意味するギリシア語「アガベ」という名を与えた。この分類は、おそらくはメキシコから持ち出されスウェーデンの温室で育てられたであろう「アガベ・アメリカーナ」によるものと思われる。この植物は、その大きさとエキゾチックな外見によってヨーロッパの園芸愛好家や植物学者を魅了したようだ。

ギリシア神話に登場するアガベはじつは怒りっぽい性格で、それもこのトゲのある植物の名に使われた一因かもしれない。神話によれば、酒神ディオニュソスの巫女アガベは他の巫女たちとともにディオニュソスを讃える酒宴に加わっていたとき、息子のペンテウスをライオンと見まちがえ、逆上して彼を殺してばらばらにしたあげく、その首を杖にさして町へ出ていったということだ。この神話は、メキシコがスペイン人に征服される以前のいけにえの風習においてアガベから造った酒が果たしていた役割と関連があるのかもしれないが、それについては後述する。

●サボテンではない！

「いや、サボテンから造るのではないよ」と「イモムシなんか入っていないさ」はテキーラ初心者のよくある質問に対するおなじみの答えだ。テキーラの原料アガベはサボテンと混同されやすい。

どちらも乾燥した気候と砂漠に近い環境に順応して進化した植物であり、茶色っぽい砂地に水分を含んだ緑色で肉厚の植物が点在する光景はよく似ているから無理もない。

さらにアガベもサボテンも、強烈な日ざしや長い日照りや腹をすかせた動物や虫から身を守りながら成長して繁殖するために、よく似た形状に進化してきた。園芸家はどちらも「多肉植物」と呼んでいるが、これは丈夫な表皮に包まれた厚みのある葉の中にたくさんの水分を蓄えているからだ。草食動物を近づけないためにトゲをもつようになったのも同じだ。しかし外見にだまされてはいけない。アガベはじつは、サボテンよりタマネギやアスパラガスに近いのである。これらはユリ科の植物で、ユリ科の植物には害虫や有害生物から身を守るために強い香りをもつという、生化学的な共通点がある。

サボテンの外見もかなりかわっているが、アガベはもっと不思議な植物だ。まるでこっそり侵入してきた地球外生物のように、普通の植物の生態とは異なる行動をとる。生命が尽きようとするとき、アガベは巨大なパイナップルと、ジョン・ウィンダムのSF小説『トリフィド時代』［中村融訳／東京創元社］に出てくる肉食の歩行植物トリフィドが合体したような形になる。小説の中でトリフィドが執拗に形を変えて何としてもわが身を守ろうとするところは、アガベからインスピレーションを得たものかもしれない。

サボテンと同じように水や動物を寄せつけない丈夫な表皮をもつアガベは、それ以外にも自己防衛の手段をもっている。肉厚の葉の内部にある液体は刺激性の化学物質を含み、多くの害虫を近づ

メキシコ風の機械化――ワンタッチで取り外しできる、収穫したピニャ（球茎）を運ぶためのバスケット。

けないようになっている。この液体はアガベの命が尽きるときまでずっと守り続ける。そしてそのアガベがいよいよ最期を迎え、まるで歓喜が爆発するように開花し、結実するのを見届けるというのだから、非常に興味深い液体である。テキーラの原料となるピニャ（球茎）の収穫にたずさわる労働者ヒマドールたちはひどい炎症を起こすこの刺激性の液体から手の皮膚を守るため、手づくりのクリームを持ち歩いている。

ヒマドールたちは、アガベの育て方、収穫のしかたについて、誰に教えられたわけでもなく身につけた知識を豊富に備えている。どれくらいの間隔をあけてどのように植えれば病気の蔓延を防ぎ、困難な自然環境のもとで植物学者や農学者が科学的に算出した最大の収穫量にぴったり合わせることができるか、何世代にもわたり積みかさねてきた経験でよくわかっている。さらに彼らは、自分の働く畑に特有

葉を刈り取られたアガベ

「クエルボ」のテキーラ用に収穫されたアガベ

の気候条件に最適なものを、いくつもの変種の中から選んでいる。ヒマドールは熟練の労働者であり、すぐれた蒸溜技師は先祖代々のたゆまぬ工夫によってたくわえられたヒマドールの知識と技術を守るため、自分のチームを大切に育てている。

葉の部分に含まれる刺激的な化学物質はできあがったテキーラにフレーバーを加える働きをするが、どれくらいそれを使うかには微妙なさじ加減が必要になる。ピニャに葉の根元を残しすぎれば、できあがりが苦くなりすぎるのである。したがってテキーラの製造においては、アガベを育てるヒマドールの知恵のほかに、トゲのある葉の根元をピニャからどの程度切りおとすかということも、できあがりの良し悪しを決める重要な要素のひとつになる。それによって、根元の部分が与える独特のフレーバーと蒸しあがったアガベに特有の甘さとのバランスが決定されるのだ。

収穫前にアガベの剪定(せんてい)をすることもある。たとえばテキーラの町の周辺地域で働くヒマドールは養分を球茎に集中させるため、球茎についた葉にバルベオ（ヘアカット）と呼ぶ剪定をする伝統があり、これによってより多くの養分を蓄えた大きな球茎が収穫できることが研究によっても実証されている。剪定をするもうひとつの理由は、アガベが体内で行う生化学的プロセスが非常にユニークであることと関係している。植物は普通、日中に気孔から取り入れた空気中の二酸化炭素と、根から吸収した水分と、体内の葉緑素と太陽エネルギーの働きで炭水化物（糖類）を作る。この一連のプロセスを推進するために、植物は気孔から水分を蒸発させ、根からせっせと水分を吸収する。ところが、アガベは日中に気孔を閉じ、バッテリーのように太陽エネルギーを蓄積する。そして

葉の剪定（ヘアカット）

それを使って「ベンケイソウ型有機酸代謝」あるいはＣＡＭ経路と呼ばれるプロセスを行う。アガベは二酸化炭素と水から直接糖分を作るのでなく、このプロセスによって夜の間にリンゴ酸を作って体内にたくわえ、日が昇るのを待ってそれを糖分に変える。リンゴ酸は、青リンゴに心地よい酸味を与えている物質である。研究者によれば、この代謝を行う植物（乾燥地帯に生育する多肉植物が多い）は朝は苦みがあるということだが、テキーラやメスカルを飲んだときに舌先に感じる刺激的なフレーバーは、明らかにこの特有の生化学的プロセスによるものだ。これはアガベにとって非常に効率的な代謝機能である。また、アガベは（バナナビールを別とすれば）他のアルコール飲料のようにショ糖やデンプンではなく、イヌリンという多糖類をベースとする唯一のアルコール原料である。

アガベは、乾燥した気候を生き抜くための懸命な努力を個々のアガベとしてではなく、アガベ属全体として子孫を残す戦略をとってきた。そして、遺伝子を変化させることで数少ない生息可能な地域に入りこんできた。種の分化、交雑、変種の創生によって特定の場所に適応する能力を身につけたからこそ、アガベ属はその世代交代の周期の長さにもかかわらず、ふたつの大洋とふたつの大陸の間にある中央アメリカという過酷な地理的条件のもと、高度、土壌、降水量、日照時間、季節の変化などの異なるさまざまな場所で生き続けてきたのだ。もっとも、アガベ属が入りこめなかった地域もある。高い標高のために気温が下がりすぎたり、逆に最高気温が47度以上になったりする土地では、さすがのアガベも生息できない。また、降水量が多すぎる土地、水はけの悪い土地では腐ってしまう種類もある。法律でテキーラの原料と定められているウェベル・アスル種の場合は、標高800〜1700メートル、年間降水量800〜900ミリ、平均気温は霜が降りる心配のない26度前後の山地で、水はけの良いやせた火山灰土に適応している。テキーラ周辺地域は、まさにそのような環境なのだ。

生育と繁殖に要する水を得るのに長い年月がかかるので、アガベは寿命が長い。そしてその長い寿命は、驚くほど唐突に終わる。結実すれば枯れてしまうのだ。アガベが植物として生殖可能な時期（7年目以降）に達すると、その中心部から花茎（かけい）（キオーテ）［花だけをつける茎］がむくむくと、まるで木のように高く伸びてくる。巨大化した花茎が短期間で一気に種子を作り、しおれ、枯れていくようすは何やらフロイト的な光景だ。

これを目撃する農夫たちも同じ感慨をいだくようで、この花茎を切って取り除く作業を「去勢」と呼んだりする。アガベはこの最後の開花と結実に精力を使い果たしてしまうので、収穫作業をするヒマドールたちは花茎が伸びはじめると切ってしまうことが多い。アガベがたくわえてきた養分をそのために使いきることを防ぎ、テキーラやメスカルの原料にするピニャに残しておくためだ。

野生のアガベは実際に花茎をのばし、結実して子孫を残していくのだが、そのための受粉は夜に起こる。アガベが夜間に気孔を開いて水分を蒸発させることも理由のひとつだが、もうひとつの理由は受粉の媒介をするのがコウモリであることだ。レプトニクテリス・サンボルニ（*Leptonycteris sanborni*）という小型のコウモリは、からだの3分の1を花の中に突っ込み、舌を花の奥まで伸ば

結実したアガベ

してアガベの蜜を食べる。そのさいに受粉の媒介をするのである。

体重がせいぜい30グラムしかないこのコウモリがアガベの繁殖に重要な役割を果たしていることは、長い間知られてこなかった。このコウモリも今や絶滅の心配がささやかれているのだが、それはヒマドールが大量に栽培しているアガベの花茎を開花前に切ってしまい、餌を奪うためではない。ヒマドールの中には、わざわざコウモリのためにアガベの一部を放置し、結実させる者もある。

ピニャに蓄えられたテキーラ製造に不可欠の養分を守ること以外にも、花茎を切ってしまう理由はある。蜜を食べるコウモリは舌を突っ込む花にえり好みしないから、どの花も見境なく受粉させ、結果としてアガベの種が混じってしまうのだ。テキーラの原料アガベ・テキラーナ・ウェベル・バリエダ・アスル種の純正をいくら科学的に厳密に規定しても、自然のまま放置すれば変種どうしの受粉が簡単に起こり、種の純粋さを保つことはできない。

テキーラ製造業者が種子からアガベを栽培しようとしないのは、自然受粉ではその純粋さを確保できないからだ。その点メスカルの製造業者は種に関する厳密な規定を受けていないので、アガベ・トバラなどの品種を種子から育てている。自然受粉をさせた結果は畑を見れば一目瞭然だ。私はテキーラの町からプエルト・バジャルタへいく途中にあるマスコタ近郊の農場を訪れたことがあるが、そこではライシージャというメスカルの原料となるアガベ・マキシミリアーナが育てられていた。葉の形やとがり具合が微妙に異なり、種の管理に厳しいテキーラ産業の植物学者なら別の種だと判定しそうだった。もっともアガベ・マキシミリアーナにはパタ・デ・ムーラ（ラバの足）およびリ

無慈悲に切り倒される花茎

チュギヤという別名がある。メスカル蒸溜業者は、昔は野生のアガベ・マキシミリアーナを採取して使っていたのだが、最近は安定供給のために栽培するようになっている。

テキーラに使用するアガベの純粋さを維持するには幸いなことだが、受粉、結実させずにアガベを増やす方法がある。アガベは子孫を残そうとする繁殖力が非常に強いので、花茎が伸びるまでぼんやり待つことはしない。適当な場所さえあればアガベはどんどん子株を作って増えていく。株ができて3年もたてばランナー（匍匐茎）［地面をはって伸びるつる状の茎］が伸びてきて、親株の根元に子株ができる。実生［種子から発芽して成長すること］の場合は根を張って成長するために水や適当な天候が必要だが、子株の場合は「へその緒」がわりのランナーが親株から出ているので親株から養分をもらうことができる。子株は事実上親株のクローンであり、農夫は昔からこの方法でウェベル・アスルを増やしてきたのである。

それでも、アガベが夜間にベンケイソウ型有機酸代謝（ＣＡＭ）を行い、無駄に水分を蒸発させない生態であることは、バイオマス燃料の原料候補として、同じように乾燥地帯で育つ他の植物や、他のバイオエネルギー源であるトウモロコシ、大豆、モロコシ、小麦などよりはるかに有望だと研究者は見ている。さらに、アガベの畑には水をまく必要がない。メキシコのテスココにある農業科学大学院大学のＥ・ガルシア・モジャ教授は次のように語っている。

> アガベはバイオエネルギーの原料として有望と言える。なぜなら他の主要農作物の耕作地を奪

うことなく栽培でき、また、すでにメキシコ全域に広く分布しているからだ。収穫後の畑に残されたり、メスカル製造後に発生したりする廃棄物は、年に何千トンものバイオエネルギー原料を供給することができる。

アナ・ヴァレンスエラなどの研究者たちは、テキーラおよびメスカルの製造とバイオ燃料の生産を結びつける可能性について研究している。アガベのピニャ（球茎）やペンサ（茎）の糖分は別としても、破砕して液をしぼったあとのバガセと呼ばれる繊維質のかすもバイオエネルギー原料になる。テキーラを飲むことは地球を――もちろんメキシコも――救うことになるのだ。そうしてテキーラは、真にグローバルな酒になっていく。

◉アガベの供給

ジャストインタイム――必要なものを、必要なだけ、必要なときに――の原材料納入が一般的となった現代にあって、完全に成長するまでに7年以上もかかるような農作物は歓迎されない。いっせいに収穫期を迎えたアガベの供給過剰によって価格が下落し、アガベを原料としないアルコールを49パーセント含むミクストのほうが、「１００パーセントアガベ」を高々とかかげるテキーラより原料費がかさむ、などということになるかもしれない。

20世紀が終わる頃、アガベ生産地に病気が蔓延（まんえん）して供給不足が生じた。そこで農夫たちは大急

「ウェベル・アスル」の畑。奥はテキーラ山。

ぎでアガベを植えつけ、大儲けしようとした。通常とは異なる時期に植え替えたその苗は2013年にいっせいに結実し、70以上の新しいテキーラ・ブランドがアメリカ市場にどっと入ってきた。しかしこれは、ウェベル・アスルの単一栽培に関わる長年蓄積されてきた問題である。このときは収穫しても元が取れないという理由で、そのまま畑に放置しておいた農夫もいたと報告されている。

そうして放棄された畑は病気や害虫の温床となり、それを近隣の農地に広めることになりかねない。比較的大規模な蒸溜所は、品質の維持と供給の安定のために直営の農場でアガベを栽培したり、一定の価格を保証して農家に栽培を委託したりしている。それによって、周期的に起こる病気の問題や供給過剰の心配を軽減できるだけでなく、高級品市場がつねに要求する原産地と品質の保証も確保できるのである。

第4章◉人間とアガベと神々

南北アメリカ大陸をつなぐ険しい山道を通って北からメキシコにやってきた先住民は、その過酷な気候の中で、アガベを食物として有望だと考えた。今も野生のアガベを調理して食べたり、酸酵させて酒を造ったりしている部族があり、人類がアジアからアメリカ大陸に渡ってきてまだ間もない1万1000年前にアガベが食べられていた痕跡も発見されている。アガベのほうがアップルパイよりもずっとアメリカ大陸の伝統的な食べ物なのだ。

トウモロコシが食料の中心的存在になるまでには何世代もの年月がかかったが、それも最初は食料としてよりアルコールの原料として使われたようだ。アルコール考古学の先駆者であるパトリック・マクガヴァンは、トウモロコシの原種テオシント（ブタモロコシ）が食料としてのトウモロコシに改良される以前からビールの原料として使われていた痕跡を発見し、アルコールへの欲求がテオシントの改良・栽培の原動力だったのではないかと推測している。さまざまな自然物から食料を

オークの焚き木を燃やしてアガベを加熱するための炉穴

得る人類の創意は歴史が証明するところだが、とても原料になりそうもないものからアルコールを醸造するために発揮した人類の創意と工夫は、それを上まわるものだったと言うべきだろう。これは当然アメリカ大陸の先住民にも当てはまる。工夫に工夫を重ねた先人たちが、キャッサヴァやトウモロコシや、そしてもちろんアガベから、酒を造ることに成功したのである。

トウモロコシと違って、アガベは野生種のままでも食べることができた。考古学的研究によれば、アガベはトウモロコシのはるか以前から常食されており、人類が初めて主食とした植物のひとつだったようだ。地面に穴を掘ってアガベの球茎を焼くのに使われたらしい、紀元前9000年頃の炉穴が発掘されている。住居に使われていた洞窟からは噛み残した繊維のかたまりや、繊維を含む糞の化石が発見されている。そうした遺物から、アガベが当時の食および生活全般に重要な位置を占めていたことが推測される。

そうは言っても、アガベはリンゴのように木から取ってそのまま食べるというわけにはいかない。栄養分を無駄なく安全に摂取するには、それなりの手間ひまをかける必要がある。アガベの大きさも、問題のひとつだった。人類は地球上のいたるところで幸運にも食料になりそうなものと出会ってきたが、食べるためには手を加える必要があるものも多かったのである。たとえば現在約5億人が主食としているキャッサヴァには、非常に毒性の強いシアン化物が含まれている。それを取り除くには念入りな作業が必要であり、昔の人々がいかに決死の覚悟をもって試行錯誤を続けたのかを考えると感嘆するしかない。

生のアガベも、そのままでは食べられそうに見えないが、大きさは魅力であり、なんだかおいしそうにも見える。メキシコの先住民の誰かが、燃えるかどうか試そうとしてアガベの球茎をたき火に投げ込んだのかもしれない。それともちょっとした火事があったあとにたまたま通りかかった誰かが、焼けた球茎を見つけたのか。ひょっとするとこのふたつの組みあわせだったのかもしれない。新石器時代の狩人は獲物をわなに追い込むために草原に火を放つことがあったから、たまたま肉の付けあわせになる焼き野菜にありつくこともあっただろう。稲妻の直撃をうけたアガベが真っぷたつに割れて焼かれたというアステカ人の伝説は、本当に起きた偶然の出来事を語り伝えたものかもしれない。そして信仰心のあつい人や迷信深い人には、アガベは神がもたらしたものだと信じさせるものだったのかもしれない。誰が最初に思いついたにせよ、焼いたアガベはもともとの成分であ

砂岩製の儀式用飲料容器。コロンブス以前のメキシコ製。

る多糖類イヌリンのぱっとしない味から、加水分解というプロセスを経て糖分などの栄養分をたっぷり含む甘くておいしい味に変わるのだ。

そのうえアガベには、食用にする球茎以外の部分もすべて利用できるという利点があった。葉は屋根を葺く材料となり、繊維からは縄や布ができ、トゲは針になり、ピニャからは甘味料も作ることができた。乾燥させた葉は煮炊きするときの燃料になり、葉の中身は傷や火傷につける塗り薬になった。たとえば義務を怠った神官に刑罰を与える場面のように、トゲのついた葉を拷問に使う場面を描いた絵まである。

◉プルケ

アガベについて語るなら、プルケについても知っておく必要がある。ドイツの探検家で博物学者だったアレクサンダー・フンボルトが書いた旅行記のあいまいな記述のせいで、テキーラとメスカルはプルケを蒸溜して造るという根拠のない作り話が広がってしまった。もっともフンボルトはのちにプルケの原料となるアガベの種類とメスカルの原料となるアガベの種類を区別し、みずからその作り話を否定している。それにもかかわらず、メスカルはプルケを蒸溜した酒だという記述が何世代も繰り返されてきたのだ。チアパス州のコミタンという町ではたしかにプルケを蒸溜して酒を造っているが、それはこの町独特のものであり、町の名をとって「コミテコ」と名づけられている。

実際のところ、プルケはテキーラとメスカルの直接の先祖ではなくて、継母（ままはは）のようなものだ。プルケは、テキーラやメスカルの産地よりずっと南および西で造られている。テキーラとメスカルの場合は刈り取ったアガベを蒸し焼きにして破砕し、アルコールのもととなる糖を取りだす。一方プルケの場合は、ひとつのアガベで何度も作ることができる。成長したアガベの花茎に穴をあけ、そこからしたたる樹液をとって自然醗酵させるのだ。このプルケは、メキシコシティ周辺および原料となる数種類のアガベの生育地で飲まれていた。

プルケの別名イスタク・オクトリは「白い酒」という意味だと言われるが、むしろプルケは「駄目になった酒」を意味するオクトリ・ポリウキのスペイン語なまりだと思われる。

アステカでは、プルケは一般庶民にはぜいたくだと考えられていたらしく、貴族や戦士だけが飲むものだった。しかし注目すべき例外もあった。妊婦と老人は、栄養が必要だというもっともな理由で飲むことができた。だがいけにえとして心臓をえぐり取られる人物と、その儀式を行う神官が飲むことを許されていたのも同じ理由からだとは思えない。庶民は年末に5日間ある「死者の日」

この絵にあるように、アステカでは高齢者が適度に飲酒することは認められていた。これはプルケを飲んでいるところ。『メンドーサ絵文書』より。1540年頃。

（日本のお盆にあたる）だけ飲むことができた。

アガベを刈り取って球茎を蒸し焼きにするのでなく、伸びてきた花茎に穴をあけてしたたる樹液を採るだけなので、プルケはテキーラなどより持続可能な飲み物だと言える。一株のアガベから4～5か月の間は樹液を採ることができる。3年間ずっと採れたこともあるそうだ。しかし、樹液がとれるアガベは死を間近にしたアガベでもある。花茎が伸びてきたアガベは、普通は1年以内に枯れる運命にある。

アガベ・アトロヴィレンス（*Agave atrovirens*）、アガベ・マピサガ（*Agave mapisaga*）、アガベ・サルミアナ（*Agave salmiana*）など数種類のアガベがまとめて「プルケロ」と呼ばれ、プルケの原料となる樹液が採取される。その多くは、テキーラの原料となるウェベル・アスルよりも、採取可能になるのに長い期間を要する。しかしプルケの原料の樹液を採取するには、必ずしも花茎が伸びるのを待つ必要はない。すでに述べたように花を咲かせなくてもアガベは子孫を残すことができるから、花茎が出始めたら切ってしまってもよい。数日の間切り口をえぐって空洞にすると、樹液が上がってきてその穴を満たすようになる。これが「アグアミエル（蜜の水）」と呼ばれる甘い液だ。アガベの生育地は非常に乾燥した地域なので、水不足になると地元の住人は水のかわりにこの液を飲む。液を採取しないときはアガベの葉で花茎の切り口をカバーしておく。

アグアミエルはアガベの中にある状態でも自然に醱酵しはじめる。醱酵していないものをそのまま飲むこともできるが、醱酵が始まって泡立ってくると、さわやかな酸味が出てくる。アグアミエルは清涼飲料として売られているが、長く放置しておくと醱酵してアルコール度数5～8パーセントのプルケになる（ビールと同程度の度数だ）。醱酵のスピードを速めるには、すでにできあがったプルケを少し加えるのが一般的だ。果物その他のフレーバーを加える業者もある。靴下に人糞を詰めた「人形 muñeca」と呼ばれるものを入れて醱酵を促進するという古いうわさは、19世紀にメキシコに進出してきたビール製造業者がライバルの評判を落とすために広めたものらしい。

プルケの醱酵をおもに進めるのはザイモモナス・モビリス（*Zymomonas mobilis*）という菌だが、それ以外にもヨーグルトの醱酵に使われるものをはじめ多様な菌が発見されている。プルケは見た目もヨーグルトに似ているし、非常に栄養価が高いことからもこれは納得できる話だ。「プルケはほとんど肉である」というメキシコの古いことわざもある。妊婦がプルケを飲むことをアステカ人が許していたのはそのためだったに違いない。

ヨーグルトと同じように、プルケにもいろいろなものを混ぜることが多い。もともとすぐれた栄

プルケを売る店。メキシコシティー、タクバヤ。1880 ～ 90年代。

養価とミネラルとビタミンを備えているところへ、果物、赤トウガラシ、エパソーテという薬草、塩、ニンニク、コショウ、アニゼット（アニス入りの甘口リキュール）をはじめ、地域ごとに多種多様なフレーバーが加えられる。

プルケはビールよりも安く、アルコール度もより強いものが多いので、プルケリアと呼ばれる大衆酒場には独特の雰囲気がある。そこでは古くからの伝統が新しい衣をまとった独自の文化も形成されている。なお、伝統的な製造所ではプルケを作っているところに女性は入れない。女性がいると良いプルケができないのだという。

国外から進出してきたビール製造業者の誹謗中傷や甘い誘惑に加え、流通や保存にかけられる時間が限られていることもあって、プルケの人気は下降気味で、売り上げも年々減りつつある。しかし体に良い菌を生かしたまま缶入りにしたプルケを輸出しようという試みもある。自然食指向の現代社会では「体に良い」は大きなセールスポイントになる。賞味期限の問題がクリアできれば、テキーラやメスカルと同じように全世界的な需要が見

プルケの神の先立ちをつとめるクモザル。『マグリアベチアーノ絵文書』より。16世紀中頃。

込めるだろう。

　最近はメキシコ国内でもプルケを含むアガベ製品の人気が、特に若者の間で高まっている。ハリスコ州の州都グアダラハラのプルケリアの看板は「プルケは新自由主義と戦うわれわれの武器だ！」と高らかに宣言している。

◉アガベとプルケと神々

　メキシコ先住民の古い神話では、ウサギ、神々、アガベ、プルケはほとんどワンセットの概念だ。神々に心臓と魂を捧げる儀式にプルケは付き物であり、アガベとそれに関連するものはすべて神話の世界に組みこまれている。

　神話はつねに豊穣と多産について語る。だからこそ多産なウサギが登場するのだ。

コロンブス以前の先住民は「二羽ウサギ Two Rabbit」を意味する「オメトトチトリ Ometotchtli」に捧げる儀式でプルケを使用していた。この神は「四百羽ウサギの」神々のひとりにすぎないが、その名は今やすっかりテキーラと結びついている。ちなみに「一羽ウサギ」という神はいない。みんな酔っ払っていて、物が二重に見えたのかもしれない。

いかなる手段に訴えても子孫を残そうとするアガベの本能と、旱魃（かんばつ）のときにも食料と水分を与えてくれる生命力を見て、メキシコ先住民がこの植物に神が宿っていると考えたのは無理もない話だ。オルメカ文明（紀元前1200年頃から紀元前後まで）の伝説によれば、マヤウェトルという女性が甘い水アグアミエルを発見し、彼女の夫ペテカトルはその水が醗酵することを発見した。時代は下って15世紀、アステカ文明の神話では、マヤウェルというアガベの女神は400個の乳房をもち、そのすべてからプルケが出たという。

また別の神話では、マヤウェルが彼女のアガベの畑から何匹ものウサギを追いだしたとき、その1匹がまっすぐ跳ねるかわりに円を描いてよろよろしているのを見つける。そのウサギがアガベからアグアミエルを飲んだと知ったマヤウェルは、夫とともにウサギの真似をしてみて、それがとても気に入った――というわけで、彼女はアガベとそれに関連するものの女神になった。

オアハカ州周辺でとてもおいしいメスカルを造っている人々の先祖にあたるサポテク族の神話によれば、ある兵士に恋をした女神マヤトルが、乳房からすばらしい飲み物を出して彼に与えたという。もちろん、それはプルケだ。生き残った先住民と征服者スペイン人が古い言い伝えを書き残し

アガベの女神マヤウェル。『ラウド絵文書』より。16世紀。

た古文書には女神マヤウェルを描いた多くの絵が含まれていて、彼女が多くの人に愛されていたことがわかる。結局のところ、彼女の信奉者たちは、いけにえとして心臓を捧げるかわりに、飲みすぎで肝臓を捧げることになったわけだが。

アステカ人の宇宙論は複雑で、内容にもさまざまなヴァリエーションがある。一例をあげよう。白い羽毛のあるヘビという意味のケツァルコアトル――スペインからの征服者コルテスはこのヘビの化身だと考えられた――は、邪悪な祖母に捕らえられている美しい乙女マヤウェルに恋をした。ふたりで祖母の元から逃げ出し、ケツァルコアトルはヤナギの木に、マヤウェルは花盛りの木に姿を変えた。祖母はそこへいくつかの星を送りこみ、彼女の木の幹を食べさせようとしたが、木の枝が地面に触れるとそれらは彼女の遺体になった。ケツァルコアトルは愛情をこめてそれを埋葬し、彼女の遺体はやがてアガベとなって再生した。

どちらかと言えば残忍な神々が多いアステカ神話の中ではきわめて善良とも言えるケツァルコアトルは、マヤウェルの死を悼み、またそれまでに非業の死をとげた人間たちのことを思って悲嘆にくれた。そして黄泉（よみ）の国から彼らの骨を集め、新しい世界にまいた。この神は誰からも好かれる性格だったので、他の神々は彼をなぐさめようと「酩酊（めいてい）」の化身であるセントン・オトチリ（四百羽ウサギ）を贈った。愛情深いケツァルコアトルはそれをマヤウェルの化身であるアガベの芯の部分に置いた。こうして物語は酒の話につながっていく。

◉一杯のプルケを争うゲーム

トチュテコマトルは、アステカの伝統にしてはめずらしく、負けても命を落とすことのないゲームだ。「二羽ウサギ」の神官に招集された見習いの神官たちが行い、別の神であるパセタトルの神官が審判を務める。見習い神官たちは、パセタトル神像の横に置かれた最上級のプルケの入った「ウサギの椀」のまわりで一晩中踊らされる。そして夜も明けようかという頃、見習い神官たちは203本のストローが差しこまれた椀に殺到する。しかし203本のうち本当に穴があって飲むことができるのは1本だけ……。まさにアステカ風のサディズムである。幸運を引き当てたひとりだけがプルケを飲み、疲れきった敗者たちはそのまま眠りに落ちるのだ。

第5章◉メキシコの蒸溜酒の始まり

メキシコで蒸溜技術がいつ、どのようにして始まったのかについては諸説ある。スペイン人が来る前から先住民によって行われていたという説もあれば、アラブ人からその方法を学んだスペイン人が新大陸にもたらした、中国で生まれた技術がココヤシ栽培の労働者としてやってきたフィリピン人によって伝えられた、カリブ海地域でラム酒を作るのに使われていた技術がパナマ地峡を通って入ってきたという説もある。

原料の液が醱酵する過程でアルコールの割合が15パーセント程度に達すると、酵母は自分が作ったアルコールのせいで死んでしまい、醱酵が止まる。そのため何千年もの間、醸造酒のアルコール度数はそのあたりが限界だった。いくら強い酒が飲みたくても、人類は蒸溜という技術を発見することができなかったのだ。この大発見は、おそらく錬金術という基礎のうえにギリシアとアラブの科学技術を結集することで達成されたのだろう、というのが一般的な見方である。蒸溜酒とは、醱酵した原料液をアルコールが気化する温度［水の沸点より低い］まで加熱し、その気体を冷却して凝縮した酒のことを言う。この技術が確立されるまでには、酒の神への殉教者もいたことだろう。大量の可燃性の気体をたき火の近くで扱うのは、よほど勇気のある者、あるいは熟練した技術をもつ者、または死ぬほど酒が飲みたかった者でなければできないことだ。それでも、蒸溜技術の進歩は止まることがなかった。

蒸溜器を意味する単語としては、まず古代ギリシア語の「アンビクス ambyx」がアラビア語に入り定冠詞がついて「アレンビク alembic」に、そして今もスペイン語で単式蒸溜器を意味する単語として使われている「アランビク alambique」になった。近年は、中国にも蒸溜技術があったとする歴史家も現れている。また江戸時代の日本には蒸溜器をさす「蘭引（らんびき）」というポルトガル語起源の言葉があった。要するに、欲しくてたまらない器具の仕組みがいったんわかれば、どこの国の人間も飛びついたということだろう。

アルコール飲料全般に言えることだが、特に高級ブランドの蒸溜酒はさまざまな神話をまとっている。ただし神話といっても必ずしも神が関与しているとは限らない。それぞれの民族が自分たちの酒の優越性と独自性、命名権を裏付ける物語を作り上げるのである。テキーラの呼称を守るためのメキシコの外交努力を見るまでもなく、フランス人がシャンパーニュという呼称を独占するためにどれだけのことをしてきたかを思い出すだけでそれがわかるだろう。また長い年月の間には同じ言葉でも意味が違ってくることもあり、そうした事情も神話を複雑にしてきた。すでに見てきたように「メスカル」の意味も不動ではない。原料の植物アガベを意味することもある。「メスカルの酒 vino de mezcal」というときはこの意味だ。アガベの樹液を醱酵させただけの、蒸溜酒になっていないものをさすこともある。だが今では、メスカルとはオアハカ周辺の一定の地域で造られたアガベを原料とする蒸溜酒である、と公式に定義されている。

メキシコ国民のアイデンティティとプライドはつねに一様だったわけはなく、かなり複雑だ。まず先住民が築いたメソアメリカ（中央アメリカ）文化があったのだが、スペインからの移民によるクレオール文化は既存の文化の一掃をはかった。しかし年月とともに先住民の歴史や文化を再評価する機運が高まり、それに伴ってナショナル・アイデンティティの一部であるメスカルとテキーラについても、当然、過去にさかのぼって見直す動きが出てきた。「メスカルの酒」に言及した史料を見直した誇り高い歴史学者たちは、それは比較的最近になって生まれたものだという。そして19世紀から20世紀への変わり目に働いていたテキレロと呼ばれるテキーラ造りの職人たちは、自分たちが作ったものを「テキーラのメスカルの酒 vino de mezcal de Tequila」と呼んでいたという。しかしそれは、統治初期の16世紀のスペイン人総督が課税した記録があるものとは明らかに違う。同じように「タベルナ taberna」という言葉も、もともとは飲み物を売る酒場を意味していたが、18世紀のハリスコ周辺では「メスカルの酒」を製造、販売する場所をさす言葉になっていた。19世紀初頭にメキシコを訪れた有名な探検家アレクサンダー・フンボルトは、メスカルは「アグアルディエンテ aguardiente」つまり蒸溜酒だとはっきり記している。それにしても、蒸溜技術はスペインによる征服以前にもあったのだろうか？

現在オアハカ周辺の丘陵地帯でメスカルを製造している職人たちは、征服以前にその地に住んでいたサポテカ族の祖先が持っていたような器具や技術しか使っていない。くわしくは後述するが、彼らは今も粘土製の壺を使って蒸溜し、管の部分には竹筒を使う。一方、壺の上に置く冷却用の皿は銅製のものしか使わない職人もいる（銅は征服以前の金属加工技術で入手が可能だった。しかしもし銅が入手できなければ陶製の皿でも用は足りる）。メキシコ南西部にあるコリマ火山では、スペインによる征服より1000年ほど前の、アガベを蒸し焼きにするための現代のものによく似

蒸溜器の火は絶やさない……田舎の蒸溜器が仕事を始めるところ

た石を敷きつめた炉穴と、アガベの図柄で装飾された葬祭用の容器が発掘されている。

だが、調査研究すべきことはまだ残っている。飲み物は陶器類に特殊な生化学的痕跡を残すが、今までのところ、その観点から遺物の調査を行った研究者はいないようだ。征服以前にアガベを原料とした醗酵飲料があったことはたしかだが、蒸溜技術があったことを証明するにはまだ証拠が足りないのが現状である。

ジョン・ウィンダムのSF小説に出てくる人食い歩行植物トリフィドとアガベのイメージが似ている話はすでに書いたが、考古学者によっていくつかの火山のふもとで発掘された壺は、偶然にも「トリフィド（三叉の）・ブレ、カパチャ型 Trifid bule, Type Capacha」と名づけられている。研究者はそれらの壺を使って実際にある程度の量のメスカルを造り、あるいは少なくともアガベのアルコール度を高めることに成功した。正確に言えば、その壺に三本脚の台座部分があったからトリフィドと名づけられたのであって、SF小説の人食い植物とは関係ない。考古学者たちは、その壺はおそらく宗教儀式に使われたものだと考えている。

太平洋岸のコリマ周辺では、金属の加工技術をほとんど知らない先住民が、簡単な蒸溜を行っていたらしい痕跡が発見されている。ココナツ栽培の労働者としてその地域に入ってきたフィリピン人が、アジア流の陶器を使う蒸溜法を持ちこんだという見解もある。フィリピンではその方法でヤシやココナツを原料とする蒸溜酒を造っていたからだ。しかし、これはメキシコのピラミッドを見て、エジプトやメソポタミアのピラミッドの技術を採りいれたと決めつけるようなものだ。実際には、よく似た自然条件や技術的な制限から必然的に生じた類似性だったのかもしれない。いずれにせよメキシコでココヤシが大規模に栽培され、アガベを原料とする酒とともにココナツの蒸溜酒も統治国スペインの大きな収入源になっていたのは事実だ。スペイン産ワインの売り上げを守るために、メキシコでの蒸溜酒製造を禁止しようという動きもあったようだが。

たとえば江戸時代の日本で使われていた蘭引（らんびき）のような陶製の蒸溜器は、「現代的な」銅製の蒸溜器とくらべれば旧式の技術かもしれない。スペイン統治時代には、コリマ周辺の先住民人口は激減し、経済基盤も破壊された。アガベの栽培やアガベを原料とするアルコール製品の製造もたびたび禁止された。酒を密造する先住民は山岳地帯に追いやられ、大きな町なら入手できたであろう銅や金属加工品もなかったので、旧式の技術にたよるしかなかったとも考えられる。

中央アメリカの征服に赴いたスペイン人は、ハリスコ周辺を鎮圧する戦いの過程で小型の蒸溜器を用いて蒸溜酒を造ったと記録している。この蒸溜器は、錬金術師や薬種商（やくしゅしょう）が医療用の蒸溜酒を造るのに使っていたようなしろものだ。征服戦争で疲れきっていたスペイン人が、後世の酒飲みと同じようにさまざまな口実をつけて医療用の強い酒を飲んでいただろうことは十分想像できる。

ここにあげたような例はいずれも人間の創意を証明するものだ。メスカルとテキーラの歴史の主たる流れからは少し外れているが、現代の製造者たちが彼らのメスカルなりテキーラなりに抱く熱い愛情は、彼らが国や地域に対してもっているプライドの証（あかし）なのだ。

第6章◉テキーラのふるさと

スペインのはるか西に位置するメキシコにあって、スペイン産ブランデーの販売を保護し促進するよう本国からいくら指示されたところで、そんなに売れるわけがない、と植民地総督府は判断した。本国から遠く離れたメキシコの山岳地帯では、アルコール販売による資金調達を地元独自の方法で行うほうがよいと考えた総督府は、「メスカルの酒」をスペイン王家の独占販売として10パーセントの税金を課した。この収税業務は、クエルボ家などテキーラの町の名士が支配する酒や煙草などの専売店、エスタンコが行うことが多かった。

モルト・ウイスキーがスコットランドの島々や峡谷と切り離せないように、テキーラもその産地と切り離すことはできない。違いのわかる愛飲家にとって、えりすぐりの蒸溜酒を味わうときに大切なのは、ガスクロマトグラフが示す生化学的な成分などではなく、人間の舌や喉で感じる「何か」だ。酒のふるさとがたどってきた歴史は、その「何か」の重要な一部である。テキーラの地は、ま

テキーラ山。この山麓にいくつもの神秘的な円形ピラミッドで有名なグアチモントネス遺跡がある。

さにそのようなふるさとなのだ。

植民地時代の面影を色濃く残すハリスコ州の州都グアダラハラから北へ車で数時間進むと、テキーラ山が見えてくる。周囲の高原や谷を見おろす姿が印象的な火山だ。雲がかかっていることが多い円すい形の頂上には無線用のアンテナが立っているが、幸いなことに山の雄大さと比べればそれほど目立たない。

この山の東側に、小さな町テキーラがある。山の名前が町の名前になり、さらにそこで産する酒の名前になった。町を囲む斜面には山から流れる川によって険しい谷がきざまれ、そこでは農夫たちが何世代にもわたり蒸溜酒を造るのに最適だと認めてきたアガベの種、ウェベル・アスルを栽培している。雨季であっても、青みがかったア

テキーラ造りの名人フアン・ベルナルド・トレス・モーラ。テキーラの町の近くにあるアガベ畑で満足そうに働いている。

ガベの緑は斜面をおおう他の植物のみずみずしい緑から浮き出て見えるが、乾季にはその特徴的な色がさらに目立って見える。まるで見慣れた黄土色の干からびた地面の上で、ゆらめいているように見えるのである。この地域全体はユネスコの世界遺産に指定され、保護されている。だがその理由は、ここがテキーラのふるさとであり、有名な観光地であるからというだけではない。

一説によれば、テキーラという名前ははるか昔にこの火山のふもとに住んでいたティクイラ族から来ているという。また別の説では、先住民にひろく話されていたナワトル語で「仕事」「作業」を意味する「テキトル tequitl」からきた名前だとも言われる。ここへ最初にやってきたスペイン人たちはこの地を「テキラン tequillan」と呼んだが、これはナワトル語をスペイン語風

テキーラ山の輪郭にすっぽりはまったピラミッド。形がそっくりだ。

にした発音だろう。とすれば、「テキーラ」は何かの作業をする場所、コロンブス以前の時代の、言わばピッツバーグかシェフィールドのような工業都市のはしりだったのかもしれない。

町から少し離れた高台に、石積みの聖なる小山が印象的なグアチモントネス遺跡がある。この地の建築家はあの有名なピラミッドを造営した建築家とは違い、直線や鋭角を避けてなだらかな円すい形のピラミッドを造ったため、そのなめらかにカーブした斜面は旅行者の目には自然の小山のように映る。発掘によりこの遺跡全体でいくつかの円すい形のピラミッドが見つかっているが、これらは背後にそびえるテキーラ山の形を模しているように見える。実際、ピラミッドとテキーラ山の姿がほとんどぴったり重なって見えるような場所がある。

　ピラミッドの頂上からは青く水をたたえた湖が見え、メキシコシティで征服者を驚嘆させたフローティング・ガーデン［水の上に浮島を造り、庭園などにしてあるもの］に似たものが、かつてはここにもあったという。いくつかの浮島は今もこの湖に残っているが、長い間に伸びた木の根が湖の底に達し、今は固定されている。雨季にはピラミッドを緑の茂みがおおい、その輪郭をさらにはっきりさせる。遺跡内の草原にはあちらこちらに黒曜石が散らばっている。黒曜石はこの地の特産品であり、以前はこの地域の収入源だった。火山で熱せられたのちに急冷されてできるこのガラス質の黒い石は、割れば鋭い端面ができ、スペインに征服されるまで鉄器を知らなかった先住民にとってはもっとも鋭い刃物だった。雨季にしげる濃い緑とその下にある火山灰土、そして鋭い端面をもつ黒曜石という組みあわせは、植物由来のふくよかさをピリッとした刺激がひきしめるテキーラという飲み物を体現しているようだ。

　ピラミッドの上では、柱を立てた穴の跡と男性の姿を描いた遺物が発見されている。この男性はひょっとしたら神官で、昔のイスラム聖職者のようにぐるぐる回転して踊りながらトランス状態に入るところかもしれない。だとすれば、その前にメスカルをたくさん飲んでいたに違いない。あるいは彼は神々を鎮めるためのいけにえとして柱に縛られていたのかもしれない。そうだとしてもやはり、メスカルを満たした杯は彼のなぐさめになったことだろう。よく切れる黒曜石のナイフの用途には、いけにえの心臓をえぐりだしたり、皮をはいだりすることもあっただろう。もっとも、この地で人間をいけにえにする風習はあったようだが、ピラミッドの上や周囲でそうした儀式が行われたことを明らかに示す証拠が見つかっているわけではない。この遺跡には球技場もあり、敗者あるいは勝者は（どちらを神々が喜ぶのかわかっていない）いけにえにされた。勝ったチームのキャプテンが神々に捧げられたという説もあるが、もしそうならキャプテンは全力をつくすだろうか？キャプテンが嫌われていたら、彼のチームは必死で頑張ったのだろうか？

9世紀以降にはピラミッドは使われなくなったが、その後スペイン人がやってきて、結局は先住民の多くが命を落とした。先住民の王コヨトルとその戦士たちは黒曜石で作った武器をとって、クリストバル・デ・オニャテ率いるスペイン軍と長く激しい戦闘をくりひろげ、いったんはデ・オニャテをしりぞけた。しかしスペイン軍は大砲などの火器を使ってついに勝利し、コヨトルを倒した。その後コヨトルの後継者も破り、現代のテキーラにあたる土地を占領したのである。

◉テキーラの町

テキーラの町の誕生をメキシコシティ陥落の10年後の1531年とする歴史家もいるが、この町のスペイン人入植者および先住民がスペイン王に町の創設を願い出たのは1650年のことであり、ご機嫌取りのために町の名前はスペイン人総督の名前をとって「トレ・デ・アルガス・デ・ウジョア・イ・チャベス」とした。町民が間もなくこの長い名前をやめて「テキーラ」に変えたのは、将来有名になる酒にとってても幸いなことだった。

スペイン人征服者が、宗教上の理由から一般庶民がプルケの蒸溜酒を飲むことを禁止していた規則を廃止し、いけにえの儀式も廃止したことは先住民を喜ばせた。長い間我慢を強いられてきた庶民は、失われた時を取り戻すかのように飲みまくった。酒好きのお歴々にはありがちなことだが、そのうちに自身が酒好きのスペイン人支配層も先住民の飲みすぎを問題視するようになった。特に地主層は、鉱山主が農夫にアガベから造った酒を飲ませ、酔っ払ってわけがわからないうちに鉱山労働者として連れ去ってしまった、と糾弾の声をあげた。

しかし酒が歳入を増加させるという期待のほうが、過度の飲酒を抑制する動向より大きかった。植民地政府は金が必要であり、いつの時代も、酒税の徴収は簡単に歳入を増やすためのよい方法だったのだ。ただし、本国の酒造産業を保護するため、スペインとフランスのほとんどの植民地では酒類の製造は禁止されていた。たとえば17世紀、18世紀のほとんどを通してイギリスの植民地はラム酒を大量に生産していたが、スペインはたとえサトウキビを生産する植民地であっても、それを許さなかったのである。

とは言え歳入増加を強く望む植民地政府が、酒類生産禁止に積極的だったわけではない。また、遠い本国からの輸送費も加わって非常に高価になっているスペイン産のワインやブランデーにとっては、地元産の安価な酒の影響などわずかなものでしかなかった。だからテキーラの町に本拠のあるクエルボ家のような、植民地政府と親しい関係にある業者は政府に一定の収入を保証し、見返りにその地で酒類の製造販売をする独占権を得たのである。

ロス・アルトスと呼ばれる山岳地帯がテキーラおよびメスカルの名産地になった理由は、いくつもある。たとえば、スペイン産のワインやブランデーの輸入がさかんにならなかった――大西洋を越え、さらに陸路で太平洋岸まで輸送する費用は厖大だ――ことも理由のひとつだろうし、本国政府がしばしばメキシコでの酒類生産を禁止する政策をとったり、禁止しないまでも課税を強化しようとしたことで、メキシコの業者が植民地政府の目の届きにくい高地に拠点を移したということもある。もちろん、最高品質のアガベの生育地だったことも大きな理由だ。

アレクサンダー・フンボルトが旅行記に記しているように、その間も地元住人用のメスカルの密造はほとんどつねに行われていた。しかしメスカルはあくまでも大衆的な酒であり、上流階級の関心をひくものではなかった。ただし、広大な農園をもつ地主の場合は事情が違う。この地域ではアガベ以外の作物はほとんど栽培できない。ケンタッキーのトウモロコシ農家が気づいたように、蒸溜酒は量のわりには多くのアルコールを含むので、特に輸送手段が人間やラバの引く荷車しかないような地域で造るには最適だったのだ。

独立後はスペイン製品との競合も、スペインからの干渉や課税の心配もなくなって、テキーラの町とその周辺一帯は、良質の水とアガベがあるという自然条件を活用して蒸溜酒生産を本格化する。やがてその生産規模はしだいに拡大していく。1888年には、山の斜面の火山性土壌で育つアガベの品質の良さも手伝って、16もの蒸溜所がテキーラの町で操業していた。テキーラ山の西側には円形ピラミッドのあるグアチモントネス遺跡で有名なテウチトランの町があり、そこにある古い建

最古のテキーラ蒸溜所「ラ・ロヘーニャ」。グアチモントネス遺跡の近くにある。

物は世界最古のテキーラ蒸溜所だとも言われている。現在、19世紀の大農園「ラ・ロヘーニャ」があった跡はほぼ当時のまま保存され、ミュージアムになっている。テキーラの原料アガベを供給していた5000ヘクタールもの広大な農園は、現在操業している最古の蒸溜所ムンド・クエルボ・ラ・ロヘーニャにその名を残しているのである。

ドイツの植物学者フランツ・ウェーバーはいかにもゲルマン人的な厳密さでアガベを分類したが、野生のアガベを実際に見たことはなく、フランス人の助手を派遣して標本の収集にあたらせていた。しかし学会での特権的地位を濫用して、学名に自分の名前を残している。こうして地元でマゲイと呼ばれていたものは、アガベ・テキラーナ・ウェベル・バリエダ・アスル（単にウェベル・アスルある

クエルボ蒸溜所内の庭園にあるブロンズ製のアガベのモニュメント。

いはウェーバー・ブルーとも呼ばれる）となった。だが当時はこの種（しゅ）だけがテキーラ製造に使われていたわけではなかった。19世紀の蒸溜所では9～10種類のアガベが使われており、アナ・ヴァレンスエラ＝サパタらの研究者が根気強くそれらの特定を試みてきた。彼女は「ラバの足 pata de mula」「大きい手 mano larga」「ワシ zopilote」「アスル・リスタド azul listado」「メスカル・チノ mezcal chino」が生育していることを確認している。現在もメスカルの製造に使われているものもあるが、アガベのように多様な変種をもつ植物を完全に分類することは困難だ。アガベ研究の第一人者だったハワード・スコット・ジェントリー博士は生涯をかけて分類に励んだが、アガベの変種が生まれる速さに追いつくことはできなかった。犬や猫を繁殖させるのと同じで、異種どうしの繁殖を完全に防ぐのは難しい。チワワがピットブルを妊娠させることもあるように、異なった種どうしの交配はいつでも起こり得るのだ。

アガベの種の名前はたびたび変わってきた。植物学者がよく調べてみたら野生種と栽培種が同じだったとか、別の種に分類するほどの違いではなかったということがあるからだ。アガベ・アングスティフォリアには野生種、栽培種を含めいくつかの変種がある。たとえばオアハカ周辺でメスカルの製造に使われるエスパディンには野生種も栽培種もある。低地で育ったウェベル・アスルの球茎は楕円形に近く、高地育ちの球茎のほうが丸いという違いがあるにしても、同じ種ではある。また、同じ種でも気温や湿度の違いによって葉の長さが変わることがあるのだが、19世紀の植物学者は外見で判断して別の種に分類した可能性もある。しかしまさにこれが、アガベが繁栄したひとつの理由でもある。有性生殖と無性生殖の両方を行うことで、アガベは気候の変動や病害虫による脅威に適応してきたのである。

1982年、ジェントリー博士は葉の形状を丹念に調べてエスパディンとウェベル・アスルの差異について「違いは明確に識別できるというよりは程度の問題であり、別の種とするほどのものではない」と公正な判断をくだしながらも、「この経済的価値の大きい植物のビジネスへの影響を考えると、学名を残すほうがいいだろう」と付け加え、亜種としてのウェベル・アスルにはかなりの資本が投入されてきた以上、今さら変更はできないと暗に認めた。

メキシコ公式規格（NOM）およびテキーラ規制委員会（CRT）による検査の厳正化にともない、1972年以後、テキーラの原料ウェベル・アスルの純正はさらに厳しく監視されるようになった。テキーラ製造所は、栽培中に他の亜種が混交して原料が汚染されるのを避けようと躍起になった。こうしてウェベル・アスルは、テキーラの原料となる唯一の種として神聖視されることになったのである。

●危機にひんしているアガベ

雨季に緑でおおわれようと、乾季に干からびようと、ハリスコの丘陵地が青緑色のアガベでおおわれていることに変わりはない。ぎっしり並んだアガベの列は丘の輪郭をくっきりとなぞっている。数億株にもなるアガベの威容はここに行けば誰にでも見えるので、テキーラの原料であるこの植物が絶滅の危機にひんしているとはとても思えないかもしれない。しかし種の多様性の欠如という観点から見れば、ウェベル・アスルはまさに今その危機にひんしている。

テキーラ規制委員会のＤＮＡ研究所とその検査官の尽力で、愛飲家は自分が飲んでいるテキーラの原料はウェベル・アスルだと確信できる。蒸溜所に日々運びこまれるそれは、事実上すべてクローンなのだから間違いない。だがこの純正さには良い面と悪い面がある。ＮＯＭ規格をクリアするためには、アガベを自然交配によって結実させ、種が混交するリスクをおかすことは不可能だ。アガベ・テキラーナ・ウェベル・バリエダ・アスルは純血種の犬と同じで、繁殖にも、さらには在来種として生き残るためにも人の手を借りる必要がある。あまりにも集中的に栽培されているため、もはや野生育ちの株を見つけることもできない。

同じ種類ばかり栽培していたせいでアイルランドのジャガイモがある疫病で全滅したという事件は、すべての農業従事者にとって忘れることのできない悪夢だ。クローンで繁殖させたキャヴェンディッシュ種のバナナは世界中で広く栽培されているが、これまでに何度か病気が広がったことがあり、今も絶滅が危惧されている。遺伝子の多様性がなければ、病虫害に対抗することはできない。かつてヨーロッパ中の人間を襲ったペストさながらに、病虫害がウェベル・アスルの畑を全滅させる日が来るかもしれない。

すでに１世紀以上前、ウェベル・アスルに炭疽病が広がったが、このときは剪定などのていねいな作業でなんとかしのいだ。テキーラの需要が急速に広まるとともに――テキーラ産業向けアガべの栽培面積は10年間で3倍になった――除草や株の手入れなどに慣れた労働者が不足しがちになり、必ずしもウェベル・アスルの生育に最適とは言えない土地も栽培に使われるようになった。そのため1980年代に入ると、カビや細菌による病気がふたたび広がり始めた。

病虫害だけでなく、気候の変化も関係者を心配させる要因のひとつだ。アガベ属の多くは生態学的に見て非常に狭い地域にうまく適応して生きており、その狭い生息域は気温や降水量の変化によって簡単に失われてしまうおそれがある。アガベは環境にあまりにも巧妙に適応したため、かえってその変化に弱い。

いずれにせよアガベの成長には長い年月がかかるので、その間の好不況の波も問題になってくる。テキーラ製造を大規模に行っているメーカーはそのあたりも考えており、たとえばエラドゥーラ社はウェベル・アスル種の純正を維持しつつ、その遺伝子を病虫害に強いものに改良する研究をしている。今世紀初頭にある病気が流行したときには、病気に対して強い抵抗力を示した株からとった細胞を培養し、水耕栽培で苗にして株にまで育てた。彼らはこれがより強い抵抗力をもつのではないかと期待しており、法律の許す範囲内で増殖させようと努力している。

定植（ていしょく）［苗を苗床から移して田畑に本式に植えること］と収穫の手順を厳密に守ることが、長い目でみればそれにかける費用と労働に見合う成果をもたらすと考えるメーカーもある。8年かけてやっと育ったアガベの球茎が、目の前で駄目になっていくのを見るのが耐えられないのは誰でも同じだ。ランナー（匍匐茎（ほふくけい））にたよって株を増やすばかりでは気候や環境の変化、そして病虫害に対抗するためのアガベ属全体の多様性を損なうことになる。オルメカ社の蒸溜技師ヘスス・エルナンデスは、彼らがいかにアガベを選別し育てるかについて、「原料のアガベをどうやって集めるかは大切なことだ。私はいつも8年計画を立てて動いているから、毎年どれだけのアガベを定植すればよいかがわかっている。私たちは多様性を意識してわざわざ別々の畑で育ったアガベを持ってくるようにしている」と語り、次のように続けた。

いちばん大切なのはどれだけ手をかけて育てたかだ。すくすくと健康に成長したアガベなら多少のことには耐えられる……いちばん大きな問題は隣人だ。自分の農園のアガベをいくら大切に手入れして育てても、隣の畑がそうでなければだめだ。自分のところのカビや細菌を駆除したとたんに、隣からまた移されてはたまらない。それと、お互いの作業の時期を合わせることも必要だ。こちらが害虫を駆除したあとで向こうが同じことをすれば、向こうから駆除された害虫がこちらへ逃げてくるだけになってしまう。だから私たちは隣にアガベの畑がない新しい場所を探しているところだ。トウモロコシ畑でもなんでも、アガベ畑でさえなければいい。もし隣でもアガベを育てていて、お互いに協力して作業のタイミングを合わせることができなければ、いろいろ問題が起こることは確実だ。

品質を維持するためには作業のあらゆる段階で手を抜くことはできない、とエルナンデスは言う。

蒸溜所でも管理はきちんとしている。私たちには専属のヒマドール（球茎を刈り取る労働者）と運搬係がいる。毎日その日に窯に入れる分のピニャ（球茎）しか収穫しない。中庭に置いておくのは24時間が限度だ。刈ったばかりのピニャが届いたら、24時間以内に窯に入れる。新鮮さがとても大切なんだ。刈ってから時間がたって乾燥すると糖分がどんどん減ってくるからだ。だが中庭に届けられる前の、刈りこみも重要だ。ピニャに残す葉の根元は目測で1センチぐらいにする。緑の部分が多く残っていては駄目で、基本的にピニャは白くなければならない。葉の根元は乾燥すると黒い斑点が出てくる。この蒸溜所に届いた時点で緑の部分が多すぎたら、刈りこみが足りないということだ。3チームいるヒマドールたちはみんな、私たちの要求をよく理解している。

以前は刈り取ったばかりのピニャを丸いまま蒸溜所に運んでいたそうだが「それだと重すぎてトラックに積み込むのが大変だった。40キロになるものもあったから。トラックから降ろすときにうっかりすると遠くまで転がってしまって。だから畑で半分に切って、株から葉が分かれる根元の芯（コゴージョと呼ばれる）も取ってしまってから運ぶことにした。キオーテ（花茎）が出ていないときのコゴージョは蒸し焼きにしたあとも苦みと酸味が残って、テキーラにその味が出てしまう」ということだ。

このようにして半分に切ったピニャが蒸溜所に届くと、窯入れ係が「そのために特別によく切れ

オルメカ社の蒸溜装置

る斧でさらに半分に切って、4分の1のサイズになったピニャを窯に積みあげる。この蒸し焼きの作業には全部で3日かかる。窯に積みあげ、36時間蒸し焼きにするんだ。蒸しあがったら、しばらくそのままにしておいて冷ます。それから窯の扉を開き、3日目に破砕機に入れる。窯は3つあるから、毎日1窯分ずつこのサイクルを繰り返しているわけだ」

大きな仕事も細かい仕事も、ここでは行き届いた管理ができている。細かい作業では「この蒸溜所には何年も前にアガベから採って培養した酵母の菌株がある。つまり野生の酵母だ。いくつもの酵母を試したが、これがいちばんよかった。私たちが求めていた柑橘系の香りとフレッシュな感じがある。それにアガベから採った糖分を効率よくアルコールにする強さも備えている」ということだ。

第7章◉テキーラができるまで

アガベの栽培、収穫から加熱、破砕を経て蒸溜にいたるそれぞれの過程で新しい技術を試し、採用しようとするテキーラ・メーカーもあるが、昔ながらの手づくりの製法に愛着をもつ職人もいる。そのふたつをうまく組み合わせようとする試みもある。

ひとつの製品を生みだすと、せっかくつかんだ顧客を失わないためにその品質を一定に保とうとするものだ。アメリカ中に非難の嵐をまき起こしたコカ・コーラのレシピ変更事件（1985年、ニュー・コークの発表から79日後には変更前のコカ・コーラ復活が発表された）の悪夢は今も、メーカーが製品を変更しようとするたびによみがえる。

テキーラのメーカーはアガベの種類に関しては変えようがないものの、生産地はハリスコ州とその周辺であればいいので多少は選択の余地がある。高地の火山灰土を選んでもいいし、低地を選ぶこともできる。テキーラの熱烈な愛好家でクイーン・オブ・テキーラを自称する女性によれば、ワ

ずらりと並んだクエルボの窯

インには約150のフレーバーがあるが、テキーラには650以上あるそうだ。「高地のアガベのほうが果実や花の香りに似たフレーバーがあり、低地のもののほうが薬草のようなスパイシーな香りが強い」ということである。もちろんここで言う高地低地とは比較上のことで、低地にあたるグアダラハラでも海抜1500メートルだからじゅうぶん高い。それに対しロス・アルトスと呼ばれる山岳地帯のアランダス、アトトニルコ、ヘスス・マリアになると標高は2000〜2500メートルもある。

アガベの栽培については、自家農園を持つメーカーもあれば契約農家から買いとるメーカーもある。蒸溜所に運ばれたアガベのピニャ（球茎）の処理法はメーカーによってさまざまだ。伝統的な製法をするところは、粘土製の窯で通常は36時間以上ピニャを蒸し焼きにしてからすりつぶし、出てくるどろどろの液を集める。これは、化学的には、アガベが含む多糖類のイヌリンを加水分解によりオリゴ糖に変えることであり、それに酵母が作用してアルコール醱酵が起こるのだ。

白くて硬いピニャを蒸し焼きにするとキャラメル色をおびてやわらかくなるので、細長くはぎとって甘いお菓子として食べることもできる。実際に、これはお菓子として路上で売られてもいる。メーカーによってはピニャを高圧窯で蒸すこともあり、これなら4〜5時間で蒸しあがる。非常に効率的だが、伝統を重んじる人々はこの方法には批判的だ。

蒸し焼きのあと、ほとんどのメーカーはサトウキビから砂糖を造る工場と同じように、ピニャをローラーにかけてすりつぶし、湯を加えてシロップを抽出する。こうした伝統的な方法だと抽出後にバガセと呼ばれる繊維分が大量に残る。路上で売られている蒸し焼きにしたアガベを薄片にしたお菓子をかんだあと、口に残るのがこの繊維だ。この口に残った繊維のかすを吐き出したものが洞窟の住居跡で発見されており、考古学者は1000年も前にアガベが火で加工され、食べられていた事実を知ることができたのだ。

ポルフィディオ社のテキーラは、イヌリンをオリゴ糖に変えるのに加水分解の工程で酵素を使う――これはアジアで使われてきたのと同じ方法だ――ことを特徴としている。メスカル・ベネヴァ社やサウザ社などのように加熱後のピニャからより多くの液を搾るために洗浄圧搾機（ディフューザー）を使い、搾った液を加熱するメーカーもあるが、伝統を重んじる人々はこの方法を嫌悪している。この方法ではテキーラの特徴である原料の微妙なバランスがくずれるという。一方、伝統的

スコーピオン社の窯に、アガベの一種エスパディンが積みあげられたところ。

な製法で圧搾後に残る繊維質は有害なメタノール（メチルアルコール）が発生する原因となる。洗浄圧搾機を使えばメタノールの発生が抑えられ、メタノール含有率について厳しい基準をもつアジア市場へのテキーラの進出は容易になる。

サウザ・ブランドの広告は「私たちはアガベのもっとも新鮮でさわやかな自然のフレーバーを引き出すため、アガベを破砕し、水に浸してから液を加熱します。私たちはこの方法を『フレッシュ・アガベ・プレス法 Fresh Pressed Agave』と呼んでいます。だから、サウザ・テキーラで作ったマルガリータは最高にさわやかな味なのです」と誇らしげに告げている。なかなかの宣伝文句だが、これでテキーラを熱愛する人々を引きつけることはできない。何といっても、サウザは１００パーセントアガベでないミクストに砂糖でなくコーンシロップを混ぜているからだ。

高級なテキーラやメスカルの愛好者に代表される純粋主義者は洗浄圧搾機の使用に眉をひそめているが、売り上げと利益を優先するメーカーはそうでもない。ともすると、そうしたメーカーのほうが職人的なこだわりをもつメーカーより政府と強い結びつきをもっているものだ。だがいずれにせよ、ブランドを特徴づける独自のフレーバーをつけるため、工程にはさまざまな工夫がこらされている。

テキーラのメーカーは、原料がウェベル・アスルだけという縛りがあるせいだろうが、新技術の採用にはどちらかと言えば寛容だ。一方さまざまな種類のアガベを使用するメスカルのメーカーは、製法によって自社のメスカルを特徴づけようとする傾向がある。たとえばスコーピオン・メスカル社のダグ・フレンチは、他のメーカーの代表とともに、メスカルの原産地呼称を管理する組織に洗浄圧搾機の使用の可否を問い合わせたことがあるそうだ。フレンチによれば、現在の味と品質を損なわないかぎり新技術の導入は問題ない、という公式の回答があったという。だが、彼は納得していない。

洗浄圧搾機はメスカルその他のアガベ製品のフレーバーを奪ってしまう。それはアガベを原料とした工業用アルコールであって、私はメスカルとは認めない。そんなものを造るメーカーは、メスカルとかテキーラとか言わずに、「アガベ・ウオッカ」として売り出すべきだ。私は、メキシコ政府当局がメスカル製造に洗浄圧搾機の使用を容認したことに深く落胆している。

「デル・マゲイ」ブランドは、先住民サポテカ族が粘土製の蒸溜器で造っていたような職人手づくりのメスカルが売りなのだが、その創設者ロン・クーパーはさらに強硬であり、「蒸気を使って加熱した製品をメスカルと呼んではならない」と断言している。彼にとっては、炉穴（ろあな）で加熱し、時間をかけて蒸溜することが、メスカルをテキーラと区別する決め手なのだ。

◉醱酵

ピニャを搾った液を醱酵槽に入れたあとは、市販の酵母を使うメーカーもあれば、エラドゥーラ

加熱後に破砕されたアガベ。これから職人手づくりのメスカルの醱酵工程に入る。

社のように地元産のアガベから採集した酵母を使うメーカーもある。後者のほうが相性がよいと思うのは理にかなっている。

市販の酵母にはワイン酵母、パン酵母のほかにテキーラ用の酵母もある。木製の大桶（醱酵槽）で休みなくテキーラの醱酵をしていれば、その蒸溜所特有の酵母が生まれる。テキーラの醱酵のさいに、酵母の働きを加速する養分として液汁に尿素などを加えるメーカーもあるが、その事実はほとんど公開されない。もちろん、ピニャを加熱したときにできるシロップを加えても醱酵は促進できる。

テキーラ規制委員会（CRT）は、アガベ100パーセントと表示した製品であっても、フレーバーを強化するために1パーセントまでの添加物を入れることは認めている。したがって、ピニャを加熱してできたアガベシロップや

タパティオ（エル・テソロのセカンド・ブランド）の醱酵工程

ハチミツを加えて甘味をつけたテキーラは存在する。メスカルの場合は、そのようなことは容認されていない。

伝統的な職人わざによるメスカル造りでは、醱酵はオークの樽の中で行い、職人は繊維質を含む液汁すなわちマストの泡立ち具合を注意深く見まもる。昔はプルケ造りと同じようにメスカルも牛の皮で作った桶を使ったもので、今もそれに限るという職人もいる。より大規模なテキーラ・メーカーは、マストと水をステンレス製の桶に入れて醱酵させる。アガベ１００パーセントでないミクストを作るときは、この段階で砂糖を混ぜる。

醱酵が進んでいくのを見るのは、とても興味深いものだ。酵母が働きはじめると泡が表面に浮かんでくる。テキーラ職人は液汁の比重をはかったり、味を見たりして醱酵の進み具合を確認する。泡が出なくなれば、いよいよ蒸溜器に移す。それ以上醱酵槽に入れておくと、他の微生物の働きでアルコールが酢に変わってしまう。

メキシコの真夏の暑さの中、私はいくつかの蒸溜所でとても不思議な経験をした。醱酵槽のある作業場には壁がない。エラドゥーラ社の作業場は周囲を果樹その他の植物に囲まれ、醱酵独特の甘い匂いがただよっていた。しかし甘い液汁の入った桶の近くにはハエやハチが1匹もいなかったのだ。蒸し焼きにしたピニャのまわりにはハエやハチがたしかに群がっていたから、アガベの甘さが嫌いではないはずだ。エラドゥーラの社員は、醱酵槽の上にはアルコール醱酵によって生じる二酸化炭素と酵母を大量に含む空気がたちこめていて、それが昆虫にとって有害なのではないかと推測していた。興味深い研究課題だが、残念ながらこのときはテキーラの試飲を優先してしまった。

蒸溜にはアイルランド人イーニアス・コフィが発明した連続式蒸溜器（一般にはコラムスティルと呼ばれるが、発明者の名前から「コフィスティル」と呼ばれることもある）か、単式蒸溜器（ポットスティル）のどちらかが使われる。どちらを選ぶかは悩ましい問題だ。連続式は蒸溜する液汁を次々に蒸溜器に送り込むので効率がよく、透明で純粋なエタノール（エチルアルコール）だがフレーバーやアロマのない強い蒸溜酒ができる。しかしテキーラを買う客はただ強いアルコールを飲みたいわけではない。そこで、醱酵の副産物としてできる合成物のうち有害なものは取り除き、それ以外のものをいかに適切に冷却器に送りこむかが職人の腕の見せどころになる。実際、有害な副産物も発生する。たとえばメタノール（メチルアルコール）は体内でホルムアルデヒドとギ酸に変わる。飲むと失明する可能性があり、大量に飲めば命に関わることもある。アルコール醱酵時の副産物のひとつ、フーゼル油にも毒性があり、悪酔いのもとになる。しかし飲み手の期待にこたえるテキーラ独特の味を出すためには、これら副産物をいかにうまくコントロールするかが重要なのだ。

単式蒸溜器（ポットスティル）のほうが時間も費用も多くかかるのだが、より複雑で独特のフレーバーとなるので、プレミアム・テキーラのメーカーはこの方法をとることが多い。単式蒸溜では一度気化させた成分を冷却後にもう一度気化させる作業を繰り返すので時間はかかるが、その作業によってエタノールの濃度を上げると同時にフレーバーと香りに独自の調和を生みだすことができる。いったん満足できる味ができると、メーカーはその状態のままで製造を続けようとする。なぜなら蒸溜器の形状、器具の配置その他あらゆる要素が絶妙に組みあわせられた奇跡のようなときに、最高のものが生まれるからだ。

大規模な蒸溜所ではステンレス製の連続式蒸溜器が使われることが多いが、じつは銅製のほうが人気が高い。純粋主義者は銅製にかぎると言う。銅は熱伝導率が高いだけでなく、硫黄を含む化合物と反応していやな臭いを除く。同じ銅でもメキシコ産のものでなければだめだ、と言う醸造技師もいる。外側はステンレス製でも、銅で内張りしてあるものもある。

蒸溜技師がめざすのは、個性が強すぎることも弱すぎることもなく、ほどよいフレーバーとなめらかさの中にピリッとした刺激を秘めたテキーラを造ることだ。そのため、二度目の蒸溜でどの程度アルコール以外の副産物を残すかが決め手となる。科学は、できあがった製品をテストしたり、安全性を保証したりすることはできる。だがそれは、熟練の職人が使う道具のひとつにすぎない。

NOM（メキシコ公式規格）によればテキーラは最低でも2回は蒸溜するように定められているが、メーカーによっては、よりなめらかにするために3～5回蒸溜するところもある。だが、蒸溜を何度も繰り返せばテキーラの味の決め手であるアガベらしいフレーバーが失われてしまう、という反対意見もある。

●熟成

長く熟成した蒸溜酒に対する人々の愛着は昔から一貫して衰えることはなく、むしろ増してきている。熟成に使われるオークの樽は、蒸溜酒をより芳醇でまろやかにする。コニャックは賢明にも熟成期間を数字で表すのではなく、VSOP（very superior old pale）のように表示している。ウイスキーの場合は熟成年数をより厳密に表示することが多く、一般に消費者は古いものほど良いと思っている。

テキーラ業界もこれまで長年にわたり、樽での熟成年数を示す数字を表示してきた。結局のところテキーラも、熟成年数を重視するプレミアムなラム、ウイスキー、コニャックと同じ国際市場で戦っているのだ。もっともテキーラの場合、最近まではいちばん長い「アニェホ」でも2年以下の熟成だったので、この戦いに加わることは難しかった。

エラドゥーラ社は1974年に初の年代物テキーラを発売した。その後NOM（メキシコ公式規格）は数回にわたって、名称と市場戦略との調整と変更をしてきている。今ではほとんどのテキーラが、たとえ数週間の熟成であっても、熟成テキーラと称している。最近までは2年が熟成の最長期間だったが、ポルフィディオ・ブランドが「エクストラ・アニェホ」を導入した。ポルフィディオ社とテキーラ規制委員会（CRT）との厳しい交渉を考えると皮肉なことだが、今では「エクストラ・アニェホ」もNOM規格に含まれている。歴史的に見れば、アガベから造った蒸溜酒を長く熟成させることはあまりなかった。テキーラの町にあるクエルボの工場には、かつてテキーラの保存に使われていた「ダマフアナ」という容器がいくつか展示されているが、どれもガラスか石でできている。メーカーはせっかく造ったアルコールが蒸発して減らないように気を使っていたのだ。蒸溜酒を樽で熟成させればいくらかは蒸発するわけで、「天使の分け前」と呼ばれる1年に10パーセントほどの減少は避けられない。

年代物のモルト・ウイスキーの愛好家に対して、テキーラ業界は鋭い指摘をしている。ウイスキーの原料である大麦は種子をまけば収穫まで1年もかからない。最高のコニャックも原料はその年に実ったブドウだ。ところがテキーラの原料アガベは、蒸溜所に届くまでに8年間は手入れをしながら育てなければならない。良いアガベを選び、株分けして定植し、何年も育ててからやっと蒸溜所に運ばれるのだ。テキーラはできあがって瓶に詰められたときにはすでに8年物なのだ、と。

10年、20年と熟成を重ねたラム酒やウイスキーに目のない愛飲家が多い中で苦戦を強いられてきたテキーラだが、今は熟成の階段を一段一段上っている。高級スピリッツ市場の急速な拡大を受け、採算を度外視してでも長期熟成の高級品を提供しようとする試みが、しだいにテキーラ業界でも見られるようになってきた。たとえば今ではカサノブレの5年物のエクストラ・アニェホが市場に出ており、いくつかのメーカーが7年物の発売をめざしている。他の蒸溜酒と同じくテキーラも、比較的短い期間であっても、熟成によってまろやかになる効果は明らかだ。一部のワインやラム酒とは異なり、テキーラとメスカルは熟成に使う樽の木材の種類と容量がNOM規格によって定められているので、ステンレス製の樽にオークのチップを入れてオーク樽で熟成したように見せかけるごまかしはできない。

上質の蒸溜酒について語るときに忘れてならないのが、木材とその性質が熟成に大いに寄与するという事実である。蒸溜酒メーカーは、そもそも熟成のために樽を用意したわけではなく、樽は酒を船に積んで輸送するための容器にすぎなかった。人夫たちは自分の体重をうまく使って樽を転がし、ガラスや陶器の容器のように破損する心配をせずに船に積みあげることができた。オークで作ったのは、それが丈夫で弾力性のある木材だったからだ。オーク製の樽は1トンのワインを運ぶことができた。

当初は輸送用の容器としてのみ使われていたオークの樽だが、そのうちに中身のワインに意外な効果をもたらすことがわかった。おいしくなったのだ。大西洋を船で運ばれてきたマデイラ・ワインやラム酒がおいしくなるのは海の空気のおかげだ、と知ったかぶりをするワイン通もいた。実際には、保存性を高めるために食品をスモークしたり、塩漬けや酢漬けにしたりすることで風味が増しておいしくなるのと同じで、酒もオーク樽に入れて保存したことで風味が増したのである。

昔から、25年以上樽に入れたままの酒は飲めたものではないと思われていた。しかし、2001年にスコットランドのマッカラン蒸溜所で、貯蔵庫裏の寒くてじめじめした場所に53年も放置されていたスコッチ・ウイスキーの樽が発見され、飲んでみたらすばらしくおいしかったというニュースがあった。多くのコレクターが金はいくらでも出すから手に入れたいと殺到し、今はなんと1万3000ドルの値がついている。またジャマイカのラム酒メーカーであるアプルトンは、50年物のラム酒を1本5000ドルで売りだしている。

私たちの味覚と嗅覚にとって、オーク樽が物理的、化学的な作用で中の液体に移すさまざまなフレーバーや香りはすっかりわれわれに馴染みのものになっている。熟成に用いる樽の木材は単なる容器ではなく、今やおいしい酒を構成する要素のひとつと言っても過言ではない。ラムやウイスキーのような褐色をおびた酒も、できたばかりのときはウオッカのように無色透明であり、樽に入れることで褐色になる。私たちが感じる原料のブドウ、大麦、サトウキビ、アガベなどのフレーバーも、じつは樽の木材から移ったものだ。そして何より、樽に入れることでオーク独特のタンニンの風味、つまり渋みが移る。

しかしオークと言ってもいろいろある。アメリカン・オークの樽はタンニンを多く含み、ほとんどバーボンに使われるが、オークの香りが非常に強く移るので、バーボンの場合はアイリッシュ・ウイスキーやスコッチ・ウイスキーほど長く樽に入れておくことはあまりない。バーボンの場合、アメリカの法律によって一度使った樽は再利用できない。そこで、バーボンの熟成に使われてオー

オルメカの蒸溜所で樽にかぶせられた気密性のカバー。蒸発する「天使の分け前」を少なくするためのもの。

クのタンニンが減少したあとの樽を、ラム酒やスコッチやテキーラのメーカーが喜んで買っていく。そうすることで、ラムやウイスキーはオーク臭が強くなりすぎることなく長期間熟成できるわけだ。

　テキーラの場合は、入れる前に一度樽の内側を焼いて炭の層を作る。そこから生じた甘味と香ばしい風味をテキーラに移すためだ。そうは言っても、ラム酒やウイスキーほど強い味をもたないテキーラを、バーボン用に使ってから内部を焦がした樽に長く入れておけば、その樽についた強いフレーバーによってアガベのかすかな風味が消されてしまう。だから「アニェホ」であっても、法律で最低2年か3年は熟成するよう定められているラム酒と比べればまだ「若い」のだ。

　酸素に触れなくても蒸溜酒の熟成は進むか、という問題には諸説ある。私の経験から言えば、空気に触れることのないボトル入りの蒸溜酒でも、長い年月を経たものは熟成すると思われる。酒に含まれるさまざまな有機化合物どうしが反応し、長鎖分子［原子が鎖状に結合した高分子。セルロース、たんぱく質など］が分解されるからだ。しかし熟成の早い段階では、通気性のある樽で酸素に触れることが不可欠である。

しかし酸素が樽の木材を通して入ってきて刺激の強い物質と反応し、中のテキーラをまろやかにするとき、テキーラのアルコール分は蒸発して外へ出ていく。コニャックなどと同じように、テキーラの場合もこれは「天使の分け前」と呼ばれている。だがこの恩恵を受けるのは天使だけではない。樽の並ぶ熟成倉庫に入った人は誰でも、長年にわたり倉庫内を満たしてきた陶然とする香りに包まれる。何事も技術で解決しようとする人はいるもので、木材にたよらずに熟成によるまろやかさを出そうと、超音波振動による気泡を入れてみたメーカーや、樽に通気性のないカバーをかぶせてアルコールの蒸発を減らそうとしたメーカーもある。どれも、熟成の過程で打ち消されがちなアガベの繊細な花のような香りを守ろうとして、長年続けられてきた試行錯誤のひとつだ。しかし慎重に管理された熟成プロセスから生まれるまろやかさは、失われるものを埋めあわせてあまりあるとも言える。

涼しい環境で保管されるウイスキーやブランデー、あるいは涼しくはないがつねに気温が安定している場所で熟成されるラム酒などと違い、テキーラの樽は冬と夏の気温ばかりか日中と夜間の気温も大きく変動するメキシコの山岳性気候にさらされている。気温が変化するたびにオークが伸びたり縮んだりして呼吸することが、テキーラのアロマの形成に有効なのではないか、と考えるテキーラ製造者もいる。

品質の向上を追求する過程では、熟成に関しても多くのことが試されてきた。ひとつの樽に使う木材を何種類か混ぜたメーカーもある。アメリカン・オークよりタンニンが少なく、テキーラを渋みのないまろやかな味にするフランス産やハンガリー産のオークで作った樽を使ってみたメーカーもある。あるいはシェリー酒の熟成に使われるソレラ・システム［新しいシェリーを順に古いシェリーの樽に足していく熟成法］を応用して、テキーラをポルトやコニャックや赤ワインの熟成に使われた樽に順に移しながら熟成させて、バランスのよいフレーバーを作ろうとしたメーカーもある。こうした挑戦はつねに、熟成によっていかにテキーラの特徴である「アガベらしさ」を失うことなく最高のまろやかさを達成し、ひいては高価格の製品を造るかの追求にほかならない。

熟成にこれほどの工夫をこらし、実際に良質の製品も生まれてきているのだが、それでも、アガベの味がいちばん濃い、若いテキーラ「ブランコ（シルバー）」のほうがいいと言う愛好家も多い。当然のことだが「ブランコ」は無色透明のウオッカを好む世代向きの味だ。しかし熟成した褐色の蒸溜酒を好む人々の間ではプレミアム・テキーラの需要が高まっており、その市場はこれからも拡大していくだろう。

●高い収益をめざして

カサノブレをはじめテキーラ近郊で200年以上前から製造を続けてきたいくつかの地元テキー

テキーラの町の樽型ツアー・バス。このバスで観光客を迎え入れ、帰りには購入したテキーラの瓶とともに送り出す。

ラ・メーカーは、土地の購入から初めて20年の歳月と多額の資金を投入し、高級テキーラの製造販売にのりだした。熟成用の樽にフレンチオークを選ぶのに何種類もの木材を試すこともした。そんな彼らが満を持してオープンしたのがラ・コフラディア蒸溜所である。ここでは解説つきの観光客向けツアーも行われている。最新作である5年物のテキーラについて、カサノブレの社長ホセ・エルモシージョは、これは他の製品の15年物に匹敵すると誇らしげに語り、「私たちはあえてストレスを与えるため、アガベを山岳地帯で栽培している。うちのアガベは生育に10年かかっている」と説明している。そうして造られた製品は現在23の国で販売されており、1本130ドルという値段はそれにかかった労力と資金を考えれば決して高くないと彼は言う。

メキシコ国内で見れば、プレミアム・ブランドの価値はそれだけではない。ペルノリカール社のオルメカ・ブランドの蒸溜技師へスス・エルナンデスはこう語る。「少し時間はかかったが、今やテキーラ業界の多くのメーカーがプレミアム・テキーラを造るメリットを理解している。その第一は、プレミアム・テキーラを造れば金のために量をこなす必要がなくなることだ。アメリカのスーパーマーケットのプライベートブランド用に安いテキーラを大量に出荷するより、自前の高級テキーラで収益を増すほうがいい」。ペルノリカール社はプレミアム・テキーラ製造のため、ロス・アルトスの緑豊かな高地にかつての大農場をモデルにした新しい蒸溜所を建設した。

◉「開拓者」ポルフィディオ

20世紀末、テキーラの産地ハリスコ州で、地元の古くからのテキーラ・メーカーと外国からの侵略者との争いが起こった。侵略者の名はポルフィディオ・テキーラ、今はポルフィディオ・100パーセント・アガベと名のっている。争いの発端は、1991年にオーストリア人マーティン・グラッスルがここ40年で初のテキーラ業界新規参入者としてやってきたことだった。

彼はテキーラ業界生え抜きの名門の一員でないばかりか、メキシコ人ですらなかった。「私はただの〝外人野郎〟でした」とグラッスルは皮肉っぽく言う。しかしポルフィディオはウルトラ・プレミアム・テキーラへの道を切り開いたのだ。グラッスルはその事業を推進するためにみずからポンチャーノ・ポルフィディオというブランドをたちあげ、色鮮やかなサボテンが中に生えている、手吹きガラスの凝ったボトルにテキーラを詰めて売りだした。

グラッスルが高い値段をつけたそのテキーラは、多くの愛好家から絶賛された。私は多くの技術革新——酵素加水分解による糖化から熟成用にフレンチオークの樽を使用することまで——をもたらし、プレミアム・テキーラの新しい標準を作った、とグラッスルは胸をはる。しかしそれがまた、ハリスコ州のテキーラ業界を牛耳ってきた名門メーカーにはおもしろくないのだった。「おいしいのは私のテキーラのほうです」——自分がメキシコにもたらした技術革新の数々を指摘しながら、彼は淡々と語る。

6世代も前からテキーラを造ってきた人々にとっては腹立たしかったでしょう。メキシコ人のプライドを傷つけてしまったのですから。彼らから見れば、テキーラ製造に新しいコンセプトを導入し、この業界を近代化しようとする私は、メキシコを植民地化しようとする侵略者でした。けれど私はゼロから何か新しいものをつくりあげたわけではありません。アルコール製造に関するヨーロッパのノウハウをこの国に持ちこんだだけです。メキシコで事業を始めてちょうど10年後、私は3代続けてテキーラを造ってきた伝統あるメーカーより多くの利益をあげました。ポルフィディオは、100パーセント・アガベのテキーラ・ブランドとしては輸出額で1位になったのです。しかも当時私は29歳でした。私がメキシコ人であろうとなかろうと、そんな状況が妬まれないわけがありません。

たしかに、地元メーカーはその状況を歓迎しなかった。ある政府機関はポルフィディオの製品を押収し、ボトルの中にあるガラスのサボテンはメキシコに対する侮辱であると主張し、告訴した。結局ポルフィディオは最高裁で無罪が確定したのだが、それですべてが収まるというわけにはいかなかった。人だかりの中でボトルが燃やされ、ある新聞は彼を、フランスがメキシコの一部を占領したときに皇帝として押しつけたオーストリア大公マクシミリアン——メキシコ革命後に銃殺された——にたとえた。

2001年、テキーラ規制委員会はポルフィディオがNOM規格に反して「100パーセントアガベ」をかかげていると主張し、手当たりしだいにすべての商品を押収した。さらにインターポール（国際刑事警察機構）をとおしてグラッスルを国際手配し、彼は2003年にパナマで逮捕された。パナマ政府は最終的には彼の引き渡しを拒否するのだが、審理中は収監していた。メキシコの法廷に立ったグラッスルは、この争いはメキシコのテキーラ業界が「思い上がった外国人をこらしめようとたくらんだものだ」と主張した。

今ではグラッスルも、自分のやり方にまずい部分があったことを認めている。「私には資金力はありましたが、まだ30歳にもなっていませんでした。子供っぽさから抜けきれなくて、文化の違いを十分に理解できないまま、傲慢な態度をとっていたのです。傲慢で無神経な人間は、誰からも好かれません」と言い、「私は人と協力して何かをすることが得意ではありません。特にここのテキーラ業界のような、気が合わない人たちと協力することはね。私は自分のやりたいようにやる人間なのです」とも語っている。

テキーラ業界は、公式にテキーラと認められていない製品に「100パーセント・ブルー・アガベ（アガベ・アスルの英語表記）」という表現を使うことを緊急立法で禁じてほしい、と大統領を説得した。それでも、ポルフィディオは今もハリスコ州で操業しているし、ラベルにテキーラという言葉はないもののプレミアムな酒の販売は続けている。単に100パーセント・アガベだけをうたい、「スーパー・ハリスコ」という新しいカテゴリーを作りだしてもいる。そして、テキーラ規制委員会をはじめいかなる規制団体とも関わりのない独自の蒸溜所を運営している。ただし、その蒸溜所の場所は公表していない。

じつはポルフィディオの売り上げが伸びてきたある時期、テキーラ規制委員会から過去は水に流して規制委員会に参加しないかという誘いがあったそうだ。すでに裁判に勝利して製品に「テキーラ」と表示できるようになっていた彼は、大笑いしてそれを断ったという。2012年に「アガベ」という語そのものをNOM規制の対象とする企てがあったのは、この長年続いた争いの名残りだろうと彼は言うが、おそらくそんなところだろう。もちろんこの企てはメキシコ中の反対をくらい、他国からも行きすぎだろうと言われたのだった。

グラッスルの回想は続く。

誰でも起業するときは、経済的な利益と文化的価値を対立的に考えがちです。最初の10年間、私は自分の信念と昔ながらの文化のどちらが儲かるのかという考え方をしていました。それはまずいやり方であり、ポルフィディオは憎まれました。そして他の外資メーカーと比べてポルフィディオへの風当たりが強かったもうひとつの理由は、私たちがメキシコで造った製品の60パーセントをつねに国内向けに販売していたことです。

20年前、メキシコで生産していた他の外資系メーカーは、もっぱら輸出用のテキーラを造っていました。外国向けのテキーラを造ることと、外資系メーカーが作ったテキーラが地元の老舗メーカーの目と鼻の先で売られることは、まったく別の話なのです。

「ポルフィディオ戦争」の本質は、私がポルフィディオという商標を売ろうとしなかったから、敵対的な方法で奪取しようとする動きでした。テキーラ規制委員会やメキシコ政府はそのひとつの構成要素だったにすぎません。

同じようにプレミアム路線の先頭にたってきたパトロン社は、特に大きな障害もなく発展してきた。ポルフィディオとの違いを見てみよう。グラッスルは「パトロン社は20年間、いくら求められても絶対にメキシコ国内で販売しようとしませんでした。彼らはメキシコ人のプライドを傷つけなかったのです。非常に賢明でした」と言う。

さらに、パトロン社の創設者も現在のオーナーもメキシコに住んでいないことが、法的な攻撃を受けにくくしている要因だとグラッスルは言っている。一方グラッスルは独身のオーストリア人であり、離婚したメキシコ人の元妻とメキシコ国内で暮らしていることは不利な材料だ。アメリカの経済誌『フォーチュン』によれば、パトロン社創設にあたってはアメリカ有数の資産家がオーナーを務めるポール・ミッチェル・グループが出資している。「これだけのバックが付いていれば、テキーラ業界もパトロン社に一目置かざるを得ないでしょう」とグラッスルも認めている。

パトロン社は一時オーナーの手を離れ、シーグラム・グループ［シーグラムはカナダの世界的酒造会社。2000年に売却され現在は存在しない］の傘下に入り、再び元のオーナーが買いもどしたという経緯もある。そのシーグラムは、メキシコで強い政治力をもっていた。そして今では、世界最大のラム酒ブランドをもつバカルディ社もパトロン社の有力な株主になっている。パトロン社はメキシコ国内ばかりかワシントンでも大きな政治力をもっている。さらに取締役が、アメリカのアルコール業界に絶大な影響力をもつ「合衆国蒸溜酒会議 Distilled Spirits Council」の要職についていることも、パトロン社の強みになっている。要するに、どこから見てもパトロン社がメキシコで政治的な攻撃を受けることは、まずありそうにない。

「とは言え、パトロン社もメキシコの複数の省庁から悪意ある攻撃を受けることがあります。でも彼らは大きな政治的後ろ盾をもっていますから、わが社よりは楽に対応できるのです」とグラッスルは話を締めくくった。

◉テキーラ革命

私が1991年にメキシコに来たときは、みんなサトウキビに使うような圧搾機を使っていました。サトウキビを投入すると同時にお湯を流し入れるタイプです。私はヨーロッパでのワイン造りなどで一般的だった油圧式圧搾機を導入しました。これはお湯を使わないので、原料のアロマが失われることはありません。

普通は球茎を加熱することで、アガベが蓄えたイヌリンを糖に変える。しかしグラッスルは別の方法をとっている。

ポルフィディオではアガベの球茎を加熱しないで、生(なま)のまま圧搾します。次に、それまでまったくメキシコになかった方法、酵素加水分解によって糖を作ります。アガベはイヌリンを原料としてアルコールを作る唯一の植物です。普通はデンプンから糖を作るかブドウのように最初から含まれている果糖を使ってアルコールを作るのですが、私たちはイヌリンに作用する特殊な酵素を用いて生のアガベから搾った液のイヌリンを糖に変え、醗酵を開始させるのです。

……この方法は、テキーラの製造に関係する意外と知られていないが重大な問題も解決してくれます。普通の製法で完成したテキーラには100ミリリットルに約300ミリグラムの割合で有毒なメタノールが含まれ、蒸溜酒の中では、このテキーラの含有率がいちばん高いのですが、植物の中でも繊維質の多いアガベの密度は、メタノールの原料になる木材の密度に非常に近く、酵素加水分解をすることでメタノール含有量は100ミリリットルあたり約100ミリグラムまで下がります。これはウオッカやウイスキーの含有量と同じくらいと言ってよいでしょう。

この方法は、アジアで醤油や酒を製造するさいに、植物原料から醱酵用の糖を作るときに発生する類似の問題を解決するために使われることがある。またボトルに描かれた灰色のガチョウが印象的なグレイグース・ブランドの高級ウオッカの製造過程で、小麦から糖を作るときにも使われている。

グラッスルは醱酵にも新技術を導入した。「メキシコでは伝統的に液汁を屋外の醱酵槽で醱酵させ、温度調整には氷のかたまりを入れる方法をとってきました。また醱酵を促進するために尿素を入れて、イーストが温度の変動に耐えられるよう強化しました」。ポルフィディオはこの工程に「温度管理装置つき醱酵タンクを導入したことで、アガベ本来の香りを保つことができる」ようになったのだ。そして最後の決定的な変化が、新しい蒸溜技術の導入だった。「私がメキシコに1991年に来たとき、蒸溜技術はアメリカやヨーロッパの基準から見ると40年ほど遅れていました。私は単式蒸溜器（アランビク）にかわる効率的な装置を導入することにしました」。あくまで品質を追求するグラッスルの姿勢には多くの賛同者がいる。そして彼が最後に語ったことを聞けば、自分の味覚と嗅覚をとぎすましてテキーラを楽しむことが何より大切だという真理を誰もが思い出すだろう。彼はこう言った。「ＮＯＭは何か品質を保証するもののように皆が思っています。違います。完全にＮＯＭに適合し、それでいてまずいテキーラやメスカルを造ることは不可能でもなんでもありません」

●ボトル

世界市場に進出してすぐに、テキーラ業界はボトルとブランドの重要性に気づいた。テキーラ（今はメスカルも）のボトルはデザイナーとボトルメーカーとの努力の賜物だ。ポルフィディオのボトルの中にあるカラフルなサボテンを見たライバル社は、当初は大げさに怒りを表明した。わざわざサボテンを瓶の中に入れるなんて、アガベについての誤解を広めるだけだと言うのだ。だが、メキシコの砂漠にはサボテンがたしかに点在している。パトロン社は、手吹きガラスによる底面が四角い重厚なデザインのボトルを一貫して使用し、それは同社のシンボルとなっている。

ボトルのデザインにこだわる傾向は今も続くが、それに加えて、いかにも熟成年数や系統の正しさを表すかのように見せかけているが、実際にはほとんど意味のないデザインのラベルも続出している。シングルモルト・ウイスキーがラベルに熟成年数を正確に記している市場に参入したテキーラは、ラベルに熟成年数とは関係のない謎の数字を記して、あえて消費者の誤解をまねく戦略をとっ

美しいボトルもメスカルの魅力のひとつだ。オアハカの店先で。

ているかのようだ。ラベルの絵柄やそこに記されたマークにも工夫がこらされるようになり、スペイン統治時代の大農園や中央アメリカの先住民の神話をイメージしたものもあれば、現代的でスマートなものもある。しかし、テキーラとメスカルのふるさとであるメキシコらしさを強調している点は、ほとんどのデザインに共通している。サソリを描いたものなど少し危険な感じをほのめかすデザインもあるが、好奇心からあえてそのようなものを求める消費者もいれば、とんでもないと敬遠する観光客もいる、といったところである。

世界的な動向にならってボトルの製造を中国に発注するメーカーもあるが、プレミアム・テキーラのパイオニアであるパトロン社は自社製造の方針を守っている。グアダラハラ近郊のトナラ村は職人による手吹きガラスの産地として知られ、高級ブランド向けボトルの一部を製造している。

第8章◉テキーラ業界の名門

オアハカ近辺の山岳地帯でメスカルを細々と手づくりしていた先住民サポテカ族と、ハリスコ州の大農園でテキーラを造るスペイン系の名家との間には大きな隔たりがある。大農園主たちは封建時代の荘園領主さながらに大規模な農業ビジネスを展開してきたが、その中心はテキーラ製造だ。大農園主たちがテキーラ製造に乗り出そうとしたきっかけのひとつに「タベルナ」があった。この言葉はテキーラを造る場所と、それを売る店とのふたつの意味で使われていた。19世紀まではテキーラとメスカルの製造法に大きな違いはなく、どちらもアガベを炉穴（ろあな）で蒸し焼きにした後、石臼ですりつぶして造っていた。ただし大農園主には、金属製の効率的な蒸溜器を入手するだけの資金力があった。私たちが今テキーラとメスカルを区別する違いには、地理的、技術的要素に加えて社会的な要素も反映されているのだ。

大農園では大規模生産によって無駄を省くことができるので、いわゆるスケールメリットによって大きな利益をあげることが可能であり、近隣の製糖工場の技術を採りいれることもできた。さらに、先住民が使用してきた伝統的な炉穴は燃料として大量のオークの薪を使うため、近隣の森林破壊とそれに起因するさまざまな環境問題が起こり始めていた。そこで、より効率的にアガベを加熱する方法が求められていたという要素もあった。加熱用の窯、圧搾機、大型の蒸溜器はあらゆる点でテキーラ製造に効率化をもたらした。また大農園で働く農民たちにテキーラ製造をさせることで、人件費も大いに節約できた。薪を集めるために裸にされた土地を、アガベ栽培に使えたのも好都合だった。こうしてテキーラ業界を支配するようになった大農園主たちは、農民と契約してテキーラにもっとも適したウェベル・アスル種のアガベだけを栽培するようになった。

ところが、アガベ畑が病害で全滅するという事件が起きる。グサーノという虫（後に一部のメスカルのボトルに入ることになる）がアガベの葉を食べて穴をあけ、腐らせてしまったのだ。大規模にテキーラ製造を展開していたクエルボ家出身の州知事は、病害はアガベの単一栽培を推進したせいだとの批判の声にこたえるため、この病気の治療法を発見した者に金貨５００ペソの賞金を出すと発表した。科学的な解決法はなかなか見つからなかったが、アガベを育てるヒマドールたちの経験知のおかげでようやく回復することになる。彼らはアガベの葉を剪定することで、グサーノがあけた穴が芯まで到達しないようにしたのである。

テキーラ・メーカーとなった大農園主たちは、地域の物理的、社会的、経済的な風景を一変させた。お互いに何かとつながりがあるこうした名門の人々は、今もテキーラ業界に強い影響力をもっている。特にクエルボ、サウザ、エラドゥーラなどの名家は今もこの業界に隠然たる力を及ぼしている。テキーラは蒸溜酒としては新顔にすぎない、などと言う者がいれば、彼らの家系とその蒸溜酒は、たとえばスコッチ・ウイスキーの有名な老舗メーカーよりよほど長い歴史がある、と一蹴すればよい。実際、彼らはそれを大いに誇りにしている。なにしろ植民地時代にさかのぼる家系図や盾形の紋章が、彼らの邸宅や製品を飾っているのだから。しかも、彼らは貴族としてスペインとのつながりを保ちながら、独立後のメキシコにおいても非の打ちどころのない愛国的な市民として認められているのだ。

　テキーラ業界の名家の人々は地元に大農園と蒸溜所を維持し続け、何度かの革命のさいにも彼らの地位と経済力の源泉であるそれらを、政府による強制収容からたくみに守ってきた。

　彼らは政治とも深く関わってきた。独立戦争のときにはスペイン王家の役人としてテキーラの町の守った。エラドゥーラのオーナー一族は、反キリスト教の革命派とキリスト教派の宗教戦争のさいには身を隠したこともあった。そしてテキーラ産業が軌道にのると、彼らの権利が諸外国に侵害されることのないよう政府の外交政策にも圧力をかけた。このように、テキーラ業界の名家の面々は、メキシコの連邦政府および州政府がテキーラ産業を手厚く保護する体制を確立するために一役買ってきたのだ。もちろんテキーラ産業がそれだけメキシコにとって重要な産業であることは言うまでもない。

　近年では、伝統あるテキーラ・メーカーの多くが、ブラウン・フォーマン、ディアジオ、ペルノリカール、レミー＝コアントロー、ビームなどの多国籍企業と次々に提携したり、会社そのものを売却したりしている。こうした多国籍企業はどこも、テキーラのブランドが傘下になければ事業が完璧とは言えないことに気づいたのだろう。ラム酒メーカーのバカルディも、メキシコのテキーラ業界とのつながりを築いている。

●ホセ・クエルボ

クエルボ家のメキシコにおける歴史は、17世紀にフランシスコ・デ・クエルボ・イ・バルデス・イ・スアレスがヌエバ・エスパーニャ［アメリカ合衆国南部、中部、フロリダ、メキシコ、中央アメリカなどにスペインが築いたスペイン副王領］に陸軍士官として赴任したことに始まる。その後一家は植民地政府とのつながりからメキシコのハリスコ州に土地を入手し、アガベの栽培を始めた。18世紀中頃に一族のひとりが首尾よく「王立メスカル専売所」の所長の座について以来、クエルボ家はテキーラ業界の中心であり、スペイン国王の認可のもとで最初のテキーラ「ビノ・デ・メスカル・デ・テキーラ・デ・ホセ・クエルボ」を作ったことを誇りとしてきた。

クエルボはそれ以後も政府と密接な関係を保ってきた。また、クエルボは多国籍企業の傘下に入らずに独立を保っている最後のテキーラ・メーカーでもある。２０１２年末には30億ドルで多国籍企業ディアジオに事業を売却する話がもちあがったが交渉は決裂し、時代の趨勢にならって急成長中のプレミアム・テキーラ市場への進出を急ぐディアジオは、クエルボとかわしていた販売契約

ホセ・クエルボの蒸溜器——銅製であることが重要だ。

をうち切った。

ホセ・サウザがクエルボと決別して自分のビジネスを始めて以来、彼の後継者とクエルボの間にはつねにある種の確執があった。テキーラの町の中心部に隣りあって位置している両社の所有地が高い石の塀で隔てられているのはその象徴かもしれない。しかし、テキーラの呼称保護と業界での影響力保持に関しては、この2社も他のメーカーともども一致団結して動いている。

◉サウザ

セノビオ・サウザは、ホセ・アントニオ・デ・クエルボが社長を務めるクエルボ社で帳簿係をしていた。そこでアガベの栽培や蒸溜についての知識を身につけた彼は、できあがったテキーラを消費者に届ける輸送会社を設立する。そしてそのビジネスで得た資金をもとに、ラ・アンティグア・クルス蒸溜所をまずは3年契約で借り、後に完全に買いとった。

その蒸溜所は名前のとおり高い煙突の上に十字架（クルス）をかかげていたのだが、スペイン語で「忍耐」を意味する「ラ・ペルセベランチャ」に改名された。サウザはそれまで「メスカルの酒vino de mezcal」と呼ばれていた蒸溜酒を初めて「テキーラ」と名づけ、テキーラを初めてアメリカ合衆国に輸出した——1873年に3個の樽と6個の壺に入れたテキーラをチワワ州の町パソ・デル・ノルテ（現在のシウダー・フアレス）経由で運んだ——と言われている。

サウザは、初めてメキシコ製のガラスのボトルを導入したメーカーとしても知られている。ラベルには「１００パーセント・ピュア・テキーラ」「１８７５年製造開始」などの文字が誇らしげに記されていた。セノビオ・サウザは地域一帯で多くの農園や蒸溜所を借りたり買いとったりした。その中には、たとえばメキシコでのメスカル製造がまだ違法だった１７７７年に建造されたラ・チョレラのように、クエルボから購入したものもあった。当時はアガベを積んだ荷車を牛に引かせて蒸溜所まではるばる運ぶより、畑の近くで蒸溜するほうがずっと楽だったのだ。

事業が拡大するにつれて、セノビオはメキシコ国内だけでなく、国外でも認められたいという欲求に駆られ、各種のコンテストに参加しはじめた。遠く離れたロシアでウオッカを作っていたピョートル・スミルノフと同じように、高級品市場に参入しようとしたのだ。そして彼のテキーラは、１８９３年にシカゴで開かれたコロンブスのアメリカ大陸発見４００周年記念の万国博覧会で、みごと大賞を獲得した。

１９７０年代、サウザ社はスペインのブランデー・メーカーであるペドロ・ドメックと提携し、１９８８年には蒸溜所をドメック社に売却した。その後ドメック社はイギリスのアライド・ライオンズ社と合併し、１９９４年にアライド・ドメック社となった。それをペルノリカール社が買収したが、サウザはさらにアメリカを本拠とするフォーチュン・ブランズに売却された。フォーチュン・ブランズ社はその後３社に分割されたが、アルコール部門はジム・ビームのビーム社に引きつがれた。だがこうした目まぐるしい変転の中にあっても、サウザは同じ蒸溜所でＮＯＭナンバー１１０２を維持し、変わることなく製造されている。この蒸溜所では同じサウザ・ブランドのオルニトスとトレス・ヘネラシオネスも造られている。

現在のサウザは最先端の技術を採用しており、加熱、破砕後のアガベを加水しながら搾るさいには洗浄圧搾機（ディフューザー）とブドウ糖果糖液糖（異性化糖）というコーンシロップを原料とした液を使っている。ただし伝統的な製法だけを正統と考える一部の純粋主義者は、この方法を嫌悪している。

◉エラドゥーラ

エラドゥーラ社が蹄鉄を商標としているのは、創設者アウレリオ・ロペスがアガベ農園を歩いているときに、太陽の光を浴びて輝く蹄鉄を見つけたからだと言われている。世界の多くの場所で蹄鉄は幸運のシンボルだとされているので、彼はその場所に蒸溜所を建設し、蹄鉄を意味するエラドゥーラと名づけたのだそうだ。それは１８７０年のことで、テキーラ郊外のアマティタンという村にあるその農園サン・ホセ・デル・レフーヒオには、今もエラドゥーラ・ブランドの本社がある。

カーサ・エラドゥーラ社はジャック・ダニエルズで知られるケンタッキーのブラウン・フォーマン社と長く提携関係にあった後、同社に買収された。エラドゥーラのテキーラはすべてアガベ１００パーセントだ。これは20世紀にミクストの製造はしないと決めて以来、ずっと守られてきた同社の方針である。新しいオーナーもプレミアム・ブランドがまとう神秘性を好ましく思っているようで、一部の製品には昔ながらの石臼を使ってすりつぶしたアガベが使われている。

現代版の石臼はラバでなく機械がまわす。オルメカで。

堂々とした趣のあるエラドゥーラの農園エル・レフーヒオには中庭と図書館があり、今はブラウン・フォーマン社が所有する蒸溜所の敷地内では別世界のような場所だ。木々が影を落とす古くて静かな隠れ家のようなここは、エラドゥーラの本拠地であると同時に、創業者一家の住居でもある。

伝統と効率的な製造を両立させているエラドゥーラは、プレミアム・テキーラ・メーカーとして国際的に認められている。またアガベの栽培にあたる労働者から名前をとったテキーラ、エル・ヒマドールは、メキシコ国内の販売高では第1位を誇っている。

◉名門の変容

テキーラに対する国際的な需要がますます高まってきた現代においては、規模の大小を問わず、どのメーカーも世界中に展開するための資金とネットワークの不足を痛感している。他の蒸溜酒でも同じことだが、

店頭にずらりと並ぶテキーラのボトル。ハリスコ州テキーラ。

テキーラ・メーカーも、販売をのばすために蒸溜酒ビジネスにおける少数の巨大多国籍企業と提携したり、買収を受け入れたりしてきた。その形態はさまざまでも目的はただひとつ――彼らのテキーラを世界の隅々まで届けることだ。

蒸溜酒の業界ではいくつかの国際的な企業グループがブランドの買収や売却を繰り返し、さらにはアメリカやEUなどの独占禁止法に抵触しないよう慎重にグループを再編してきたために、まるで伝統ある名家の家系図のように複雑な系統図が生まれている。

ペルノリカール社はこれ以上伝統あるブランドを買収するのは無理だとあきらめたらしく、メキシコ中西部、ロス・アルトス地域のアランダスで、ゼロから自前の農園――遠くから見れば伝統的な大農園にも見える――を作って新しいブランドを立ちあげた。このペルノリカール・オルメカの商品ラインナップには、オルメカ、オルメカ・アルトス、オルメカ・テソンなどがあり、アメリカ合衆国以外にも広く出荷されている。また、複雑に絡みあう販売契約のすき間をぬうようにアビオンとも販売契約を結び、合弁事業を始めた。歴史の浅いアビオンは、これによってプレミアム・テキーラの地位を容易に手にいれることができ、現代の市場戦略の中では生まれて数年しかたっていなくてもプレミアム・ブランドになれることを証明した。もちろん、その地位に見合う品質が求められていることは言うまでもない。

第9章◉メスカル

文学愛好家には、メスカルの聖地オアハカに数ある有名な酒場の中でも、とりわけエル・ファロリートがお勧めだ。イギリスの作家マルカム・ラウリー（1909～1957年）の自伝的小説『火山の下』〔渡辺暁・山崎暁子訳／白水社／2010年〕で、破滅的な生活を送っている主人公のイギリス人領事がメスカルを飲む酒場のモデルとなった場所である。メスカルやテキーラを浴びるほど飲んでいた主人公の領事は、「メスカルをやりはじめたら、有刺鉄線のフェンスに絡めとられるようなものだ。頭がイカレてしまう」と言い、テキーラなら大丈夫だと言う。テキーラはこの小説の背景である1930年代頃には、すでにメスカルとは別の高級品としての地位を確立していたらしい。町の雰囲気は今もあまり変わっていないが、メスカルの品質はずっと良くなっており、それに伴って値段も驚くほど高くなっている。

開発の手が届いていないオアハカの旧市街は今も植民地時代の趣を残しており、ソカロと呼ばれる中央広場にも高層ビルは見られない。しかし町を見下ろす丘の上には、毎年7月末に開かれる一大イベント、ゲラゲッツァの会場になる野外ホールのコンクリート製の白い屋根がそびえている。ゲラゲッツァは、州内各地からやってきた先住民の人々が自慢の歌と踊りを披露する祭だ。その起源はスペインによる征服以前にさかのぼる。そもそもは先住民サポテカの支配者たちが近くの小高い丘モンテ・アルバンにあった巨大な祭祀場で、戦いの敗者から貢ぎ物やいけにえを受けとる儀式だった。モンテ・アルバンの遺跡は今もその威容を保っている。いけにえの儀式はなくなったが、今は地元市民に加えて大勢の観光客も訪れるイベントとして残っている。ゲラゲッツァが開かれる頃はちょうど雨季にあたり、普段は茶色っぽい町もほこりを洗い流されて、木々や草の緑が輝いて見える。何年かに一度はパレードが嵐に襲われることもあるが、野外ホールの屋根の下に逃げこむこともできる。会場までの山道を登るのが面倒だという人のために、踊り手たちは中央広場の周辺でもパフォーマンスを見せてくれる。そこなら広場の周囲にあるカフェやバーでくつろいで、バッタ（チャプリネス）のから揚げやイモムシ（グサーノ）を炒めてトウガラシと塩で味つけしたスナックなどをポリポリ食べながら、ビールにライム果汁とチリソースを入れたミチェラーダや、もちろん、メスカルを飲むこともできる。

たまたまゲラゲッツァと国際メスカル・フェアの期間が重なって、オアハカの二大イベントを一度に楽しむことができる年もある。フェアをのぞいてみれば、サポテカ生活協同組合や大小さまざまなメスカル・メーカーが、メスカルを彼らのアイデンティティの証（あかし）として心から誇りに思っていることがよくわかるだろう。

2011年にメキシコ全体で生産された約1200万リットルのメスカルのうち、700万リットルほどが輸出された。金持ちのいとこ的な存在のテキーラと比べれば10分の1にも及ばない量だが、前年からの輸出量の伸び率は少なくともテキーラの4倍であり、しかも生産の80パーセントは伝統的な製法を続ける小規模な蒸溜所によるものだとテキーラ・メーカーは指摘している。テキーラ・メーカーはつねに、テキーラにはイモムシが入っているという世間の認識を躍起になって否定し、彼らが一段下に見ているメスカルとの違いをはっきりさせようとしてきた。メスカル・メーカーの中にも、イモムシを入れるのは観光客向けだけだと言うところがある。だが高地にある蒸溜所にはたしかにイモムシを入れた小さな壺があって、できあがったメスカルを試飲するときにイモムシを入れている。そうすることによって、独特の風味が加わることはたしかだ。

2年前にちょっとした好奇心から、生物標本を保存するために昔から使われてきた保存液の中のDNAシグネチャー（特徴的な遺伝子）を調べた科学者グループがあった。するとメスカルには、明らかにイモムシのDNAの痕跡とみられるものが見つかったという。メスカルを輸出しはじめた頃は、イモムシを干して粉末にしたものを袋に入れて一緒に出荷したメーカーもあった。グサーノ・ロホ（赤いイモムシの意味）というブランドは、自分たちが最初にイモムシ（メスカルの葉を食べる、蛾の幼虫）をメスカルに入れたと公言している。グサーノと呼ばれるこの幼虫は害虫というよりは食材とみなされており、炒めたものがチニクイレスという名で売られている。

メスカルのボトルの中に入っている別の種類のイモムシは、アガベにつく害虫ゾウムシの幼虫だ。こちらは葉や球茎にまで穴をあけたり、アガベに細菌をうつして伝染病をまき起こしたりする。グサーノ・ロホと違って特に味もなく、白っぽい色をしたこのイモムシは、害を与えた罰としてボトルの底に沈められたようにも見える。

イモムシについての話は、北のハリスコ州に住むスペイン人の大農園主と、南のオアハカ州に住んでイモムシをタンパク源として食べる先住民との違いをよく示すものだ。テキーラの名家の大農園にある飾りたてた豪邸と、オアハカ近辺の丘陵地でサポテカ族がメスカルを蒸溜するのに使ってきた、パレンケと呼ばれる泥壁の小屋を見れば、その差は明らかだ。大規模なテキーラ・メーカーのほとんどが酒類販売の多国籍企業の傘下に入っている現代では、両者の格差はますます広がっている。

ハリスコ州の大農園主は1世紀にわたって大規模にメスカル（のちに名称をテキーラと変える）を製造してきた。社会的にも政治的にも強者である彼らは、その力を背景に自分たちのビジネスが法的保護を受けられるようにすることができた。しかしメスカル製造者にはそれができなかった。それどころか、オアハカのメスカル製造者たちは、政府からの抑圧を受けながら細々と密造していた時期さえあった。このように差別されてきた理由については、税制のせいだとか、健康上の理由だとか、政治力のあるテキーラ業界が競争相手をつぶそうとしたのだとか、さまざまな説がある。いずれにしろ、小規模なテキーラ製造者が小さな「すき間市場」に進出し、しだいにアメリカ合衆

イモムシは弱虫のもの、サソリは勇者のものだ！

国で高い評価を得るまでにいたったのは、ある程度は必要に迫られてのことだったのだ。メスカル業界は「イモムシ入り」のオプションも提供していたが、それもしだいに減っていった。

アメリカからやってきてオアハカでスコーピオン・メスカル社を創設したダグ・フレンチは、ボトルにサソリを入れたことで知られている（キャッチフレーズは「イモムシは弱虫のものだ」）。イモムシと違ってサソリは特に風味を増すことはない。それは彼自身も認めている。しかし子供たちにサソリを集めさせて買いとるという形で、地元経済に貢献しているとは言える。念のために言っておけば、大量のサソリが集まると少し魚のような臭いがするが、プレミアム・テキーラにはイモムシもサソリも入っていない。

私には使命がある、とフレンチは言う。「オアハカはメキシコでいちばん貧しい州だ。しかし、

メスカルの原料のひとつ、大型のアガベの一種エスパディンを割るところ。

多様な種類のアガベとメスカルという資源がある。メスカル産業がテキーラ業界のように繁栄すればオアハカの社会的、経済的な状況は一変すると私は確信している。近代的で大規模な工場もあるが、メスカルの造り方は何百年も前から変わっていない」。スコーピオン社の蒸溜所には、フレンチがメスカル業界に進出した当初に使っていた小型の単式蒸溜器、加熱用の炉穴、破砕用の石臼が今もある。しかし輸出するだけの量を作るには機械化が必要なことは彼も理解しており、扉のついた窯や機械式の破砕機など、多少は近代的産業レベルの設備も加えている。

フレンチは1品種のアガベだけを使った純正メスカルを7年間熟成させる樽の材料を、いろいろ試しているところだった。その酒の繊細な味わいが、ささいな原因で損なわれることを恐れているからだ。メスカルの原料として一般に使われているアガベの品種はエスパディンだが、彼はトバラ、シリアルなどの野生種も使う。それらは明らかに独特のフレーバーやアロマを与えることができるのだ。

フレンチの仕事は小規模なアガベ栽培に革命をもたらした。オアハカの農民の多くにとってメスカル用のアガベ栽培は大きな収入源だ。つまり今やメスカルは、それに関わる2万5000の世帯にとって、伝統だけではない意味をもつようになったのである。山にいだかれたパレンケと呼ばれる小屋でメスカルを造り続けてきた村に現金が流れこむようになったのだ。だが700ほどある小さな蒸溜所は、世界市場に進出するほどの設備はもっていない。桁違いに規模の大きいテキーラ業界でも、製品を世界市場に出すためには国際的な大企業の力を借りているのが現状なのだ。だとすれば、地元で造った製品を買いとり、瓶詰めして売りさばく大手の業者に利益のほとんどが流れることになる。そこで、協同組合を設立したり国外の販売業者と契約したりして、一定の収入を確保する村も出てきた。

デル・マゲイ社のアメリカ人創設者ロン・クーパーは「本当にすぐれたメスカル・メーカーは大きく売り上げを伸ばしている。メキシコ中の40歳以下の若い人々が今はテキーラを飲まずに、職人の手づくりらしさを残すメスカルを飲むようになってきたからだ。『これが先祖が飲んでいた酒だ』ということでね」とコメントしている。

デル・マゲイは2011年のサンフランシスコ・スピリッツ・フェスティバルで「ディスティラリー・オブ・ザ・イヤー（今年の蒸溜所）」に選ばれた。粘土製の蒸溜器と竹の筒を使い、山の中の小屋でメスカルを造ってきた村人たちにとっては、思いもよらない名誉である。

◉メスカルの歴史

メスカルの歴史を知るため、私はオアハカ州オアクトランのサンタ・マリア・デ・ミナス村にあるデル・マゲイ社の契約蒸溜所に行った。それは地元の製造者が山の斜面を掘って作った、外との仕切りのないパレンケと呼ばれる小屋だ。職人が手づくりでメスカルを造るようすを見るのは、タイムマシンで過去にもどったのかと錯覚するような体験だった。要するにこれは、19世紀末にハリスコ州の裕福な大農園主が大規模なテキーラ製造を始める前の、先住民によるテキーラの製法と同じなのだ。

アガベの品種や生育状況にもよるが、通常は植えてから7年～15年たった球茎（ピニャ）を収穫する。大きさはさまざまで、特別に大きいもので重さ約680キロ、標準サイズのもので20～180キロぐらいだ。村人は斧でピニャをいくつかに割り、地面の炉穴に入れて蒸し焼きにする。9000年前にさかのぼるこの炉穴の原型が、考古学者によって発掘されている。円すいをさかさまにしたような形の穴で、底に大きな薪を入れて火をつけ、その上をいくつかの石（普通は川底から採ってくる）でおおう。石が十分に加熱されたら、前に使ったアガベの搾りかす（バガセ）を石の上にかぶせる。

あらかじめ斧で割っておいたピニャをバガセの上に並べ、その上に草を編んだマットを濡らして

昔ながらの石臼（タオナ）が今も使われている。ラバは休憩中だ。

かぶせ、さらにその上から土またはバガセを入れる。こうして5日間蒸し焼きにされたピニャは糖分をたっぷり含み、キャラメル色になっている。実際、キャラメルのような味もする。独特のスモーキーなフレーバーもついており、これがモルト・ウイスキーが誇るピート（泥炭）のようなスモーキーな香りをできあがったメスカルに与える。

多少「機械化」の進んだパレンケでは、ロバかラバがまわすタオナと呼ばれる石臼に、加熱後のピニャをシャベルですくい入れて粉砕する。タオナのないところは石造りの桶にピニャを入れ、手にもった大きな木槌か杵でたたいて粉砕する。丸太をくりぬいたカヌーのようなものにピニャを入れて、この作業を行うこともある。ほとんどの村人は、ここで酵母を入れることはしない。粉砕したピニャに水を加え、空気中の菌が自然について、ピニャの液汁を醗酵させるのを待つだけだ。現代

石造りの水槽にアガベを入れ、木槌でたたきつぶしてから醗酵させる。

のテキーラ・メーカーは醱酵のために液汁を圧搾するが、パレンケでメスカルを造る村人は、繊維を含んだままのどろどろの液をオークの大桶に入れておく。醱酵したらそこから直接シャベルですくって蒸溜器に入れるのだ。

大きな蒸溜所のような科学的な設備も機器もない村人たちは、醱酵が終わった液を蒸溜器に入れるタイミングを、匂いと外観と経験から判断する。うまくいけば、その時点で8パーセントほどのアルコール濃度になっている。だがどういうわけか醱酵が失敗に終わることがある。そんなときは肩をすくめて運命とあきらめるしかない。

大変な労力を費やした結果が失敗に終わっても、それは運命だ。蒸し焼きに5日間、醱酵に5日間を費やし、それから何回にもわけて少しずつ蒸溜していく彼らは、文字通り休みなく仕事に励む。工程の進行を、生まれたばかりの赤ん坊を見守るように見守る。どのパレンケも壁を掘りこんで寝床が作ってあり、彼らはそこにマットを敷いて横になったりしながら、目と鼻に神経を集中させて工程の進み具合をチェックするのである。

突然ふみ込んでくる密造酒監視官や警官の手入れに長年対応してきた彼らは、設備を目立たせてはいけないことを承知している。蒸溜器を、道から遠く離れた川の岩だらけの浅瀬に設置することもあった。デル・マゲイ社の創設者ロン・クーパーなどの企業家は、この泥くさい手づくり感に好感をもった。クーパーはそれぞれの蒸溜所の製品を他の製品と混ぜずに瓶詰めし、スコッチのシングルモルトの向こうを張って「シングルメスカル」と称した。

地元職人による手づくりのプレミアム・メスカルのひとつ「デル・マゲイ」

彼はこの作戦に文化的な強みがあると考えた。「手づくり感のある蒸溜酒を好む、感性豊かな人々が増えている。そして、地元の村人の手で造られたメスカルほど、真に伝統ある蒸溜酒と言えるものはほかにない」と言う。市場は彼の予想の正しさを証明している。デル・マゲイの小売値は1本34ドル以上、なかには320ドルの値が付けられるものもある。だが現地で買えばもっと安いし、そのほうがはるかに楽しい。

スコーピオンのダグ・フレンチも当初は地元の村人が手づくりしたメスカルを買いとっていた。それから自分も同じような製法で作ってみた。そして結局、利益を期待できない織物工場、製糖工場、炭酸飲料の瓶詰め工場をたたんで、複雑な機械類を備えた大規模なメスカル蒸溜所を作った。彼はプレミアム・メスカルの製造が、メキシコでもっとも貧しいオアハカ州が貧困から抜け出す手段となると考えている。もちろん、彼がメスカルを好んで飲んでいることは言うまでもない。

◉山岳地帯でメスカルを造る

「シュティシュベウ！」サポテカ族のメスカル職人の2代目であるルイス・カルロスは、私に手渡したカップを指さしながらサポテカ語の方言で「乾杯！」と言った。まだ温かいメスカルは、粘土製の単式蒸溜器から突き出した竹筒から注がれたばかりだ。あたりに氷はありそうもない。

パレンケは山の斜面に掘ったくぼみに屋根を付けたような小屋だ。もともとは密造酒監視官や警官の目から隠すためにこの場所に作られたのだろうが、それが好都合な点もあった。ここなら蒸溜器を加熱する火を風から守って安定させることができるのだ。ルイスは竹筒の先からしたたり落ちるメスカルの出来具合をチェックしながら、粘土製の炉にくべる薪を増やしたり、炉から薪を抜き出したりすることで、うまく火の勢いを調整している。

彼はアガベの一種エスパディンの球茎（ピニャ）をいくつかに切り分けてから、炉穴の中で4日間ゆっくりと蒸し焼きにした。それを石の桶に移して木槌でたたきつぶし、どろどろになった粥のようなものをオーク材の大桶の中で3日かけて醱酵させた。醱酵させた液汁（マスト）の「匂いが今だと教えてくれたとき」に、それを蒸溜器に入れた。後に残った湿り気のある繊維質のかす（バガセ）は窓の外に積みあげてあるが、一部は粘土製の蒸溜器のすき間やその他の装置の周囲に詰めこむのに使われる。

ペルラ（真珠）と呼ばれる泡。メスカル職人は竹筒をストローがわりにして蒸溜器から吸いあげ、カップに入れる。

液体というより繊維質を含んだ粥のように見えるマストをすくい、それを粘土製の蒸溜器のいちばん下の壺状の部分に入れると、蒸溜が始まる。彼の蒸溜器は、マストを入れた壺の上に木製の受け皿がついた粘土製の筒があり、いちばん上には冷たい水を入れた銅製のボウルが置いてある。熱せられて蒸発したアルコールはボウルの底で冷やされて凝縮し、木製の受け皿にたまる。それが受け皿にとりつけた竹筒から流れ出るわけだ。ルイスは窓の外に手をのばし、山積みになっているバガセをひとつかみ取ると、竹筒と蒸溜器の間のすき間に詰めた。

最初に竹筒からしたたり落ちてくるのはペルラ（真珠）とも呼ばれる泡だ。蒸溜器の温度が十分上がって、まずエタノールより沸点の低いメタノールなどの気化と凝縮が始まったしるしである。出てくる液体の流れが安定してくると、竹筒にガラス瓶をセットし、ときどきサンプルをとって出来具合を確かめながら液体を集める。

ルイスは最初にカップに受けた泡を片隅にあった瓶に入れる。「捨てるのか?」という私の問いに、彼はとんでもないと笑った。「これがいちばんうまいんだよ」と言う。もうこれ以上アルコール分は出てこないと判断した時点で、彼は蒸溜器を分解する。残ったバガセは窓から外に捨てる。いずれは必要に応じて蒸溜器のシール材になったり、かまどの断熱材や家畜の餌、畑の肥料になったりするのだ。

蒸溜器の一番下の壺をからにすると、2度目の蒸溜にかかる。なにしろ燃えやすく、へたをすれば爆発するかもしれない液体を扱うのだから、作業は慎重を要する。職人手づくりのメスカルの場合、試験管なんかは使わない。嗅覚、味覚、視覚だけが頼りだ。パレンケの壁に作った寝床で、ルイスは何日もようすを見守る。蒸溜の終了を教えてくれるのは、カップに浮かぶ泡(ペルラ)の数だ。

2度目の蒸溜が終わるとルイスはメスカルの完成を告げ、竹筒で少量を吸い上げて確認してから戻す。彼は私に試飲させてくれた。じつになめらかな味わいだった。弟子の職人が蒸溜器をからにして次の蒸溜にかかる準備をしているとき、ルイスは壺に入れてあったピンクのイモムシ(グサーノ)を乾燥させたものをひとつかみ取り、そのひとつをつぶして粉々にしながら、メスカルの入った私のグラスにふりかけた。彼のほうは丸ごとの1匹をメスカルのつまみにムシャムシャ食べていた。

手づくりのメスカル職人が使う粘土製の蒸溜器。彼らが使うのは粘土と竹筒と少しの銅だけだ。しかし、熟練のわざがなければメスカルはできない。

蒸溜器からガラス瓶に集められたメスカルは、大型のプラスチック容器に移しかえられてデル・マゲイ社の瓶詰め工場に出荷される。ルイスは蒸溜の最初に出てきた液もその中に混ぜるそうだ。繰り返しになるが、先祖のサポテカ族の文化や征服以前の中央アメリカ文化が持っていなかったような装置や技術は、彼のメスカルには一切使われていない。

●高級化するメスカル

スコーピオンのダグ・フレンチは、テキーラと張り合おうとするメスカル業界の先頭に立ち、メスカルの水準を上げる活動に力を尽くした。メスカル業界は独自に「メキシコ・メスカル品質規制委員会ＣＯＭＥＲＣＡＭ」を組織し、２００５年にＮＯＭ（メキシコ公式規格）の認証を受けた。規制委員会によってメスカルの生産地はドゥランゴ、グアナファト、ゲレーロ、サン・ルイス・ポトシ、タマウリパス、サカテカス、オアハカの7州に限られているが、中でもオアハカ州が全体の70パーセントを生産している。またメスカルの瓶詰めはメキシコ国内でしなければならず、テキーラのようなミクストという分類はない。フルーツ系のリキュールやバニラなどのクリーム系のフレーバーを添加することはできるが、アガベ以外の原料で造ったアルコールを混ぜること（ミクスト）は許されていない（テキーラの場合は大企業の反対が強く、このような規制は不可能だ）。ＮＯＭが認めているのは１００パーセント・アガベのタイプ1と、あまり一般的ではないが20パーセントまでアガベ以外の原料の糖を使うことのできるタイプ2である。フルーツのフレーバーがついたものはこちらになる。大昔から造られてきた醱酵酒のプルケでも果汁を混ぜることはあったので、これは伝統に即したことと見なされた。

アガベの種類はどうか。テキーラの場合はウェベル・アスルに限定されているが、メスカルは丘陵地に点在する28種のどれを使ってもいい。以前はメスカルに使われるアガベの多くは野生種か、小さな畑で栽培されているだけのものだった。しかしたとえばダグ・フレンチとそのパートナーたちは地元の大学と共同でそうしたアガベを種子から育てて栽培している。

オアハカのメスカル製造に使われているのは、おもにエスパディン、トバラ、メキシカーナ、シリアル、バリルなどで、バリルを使ったものは特に私の好みだ。

テキーラと同様、メスカルも熟成度に応じて3つのタイプがある。

ホーベン（Joven）――若い、という意味。シルバーともいう。若く透明な酒だが、カラメルなどを加えられて金色を帯びることもある。

レポサド（Reposado）――休ませた、という意味。容量200リットル以下のオークの樽で2か月から12か月熟成したもの。少し色がつき、まろやかになっている。

アニェホ（Añejo）――熟成した、という意味。オークの樽で12か月以上熟成したもの。熟成期間の上限はない。

メスカル・メーカーはメスカルの種類や熟成期間、樽の木材の種類などをさまざまに変えて、熟成期間を延ばそうとしている。プレミアム・ブランド化すれば利益が増すからだ。

◉その他のアガベ・スピリッツ

もともとは、アガベを原料とする蒸溜酒（スピリッツ）はすべてメスカルと呼ばれていた。しかしオアハカ州のメスカル・メーカーが独占的にＮＯＭを獲得したため、他の地域のメーカーは独自に存在をアピールしはじめている。これには地域としてのプライドとアイデンティティの問題も関わっているが、商売としての必要に駆られて、という側面もある。国の内外――特に北米自由貿易協定（ＮＡＦＴＡ）によって優遇されるアメリカ合衆国――で、アガベを原料としたちょっとめずらしい蒸溜酒への評価が高まってきたことで、収入源として有望視されているのだ。

愛国心に目覚めたメキシコ人は自国産の酒を好むようになり、伝統的な飲み物を扱うバーも増えてきた。いろいろな種類があるのは悪いことではないが、全部試してみたいなどと考える消費者にとっては大変だ。さらに、メスカル業界が一部の地域以外のメーカーを除外したことで、メスカルの地酒といった位置づけにあったソトル、シクラ、バカノラ、ライシージャや、メスカルではないが同じくアガベから造るコミテコなどが、独自の「呼称」と定義のもとで世界市場に打って出ようとしている。それはまるで、次々に新種を生みだすアガベの繁殖力の強さにならったかのようにも見えるが、もちろん連邦政府への働きかけも怠ってはいない。

同名の地酒ライシージャの原料になるアガベの一種、ライシージャ。

２０１０年、ソノーラ州の製造者たちはバカノラ規制委員会を立ちあげ、法律上はソノーラ州でアガベ・パシフィカ（ヤキアナとも呼ばれる）を原料として製造したものだけをバカノラと認めることになった。今ではバカノラ――特に独特のフレーバーをつけたもの――は、アメリカ合衆国をはじめ世界中に輸出されるようになっている。

チアパス州のコミタン周辺で造られ、町の名をとってコミテコと呼ばれる地酒はアガベ・スピリッツの中では少しユニークで、アガベを加熱せずに生のまま圧搾した液（アグアミエル）を蒸溜したものだ。ペチュガはもともと蒸溜器の中に鶏の胸肉をつるして蒸溜したメスカルだったが、現在レアル・マトラトルなどのメーカーが造っているペチュガには果物やスパイスのフレーバーがつけてあり、鶏肉はオプションらしい。しかし鶏肉を使ったかどうかは、よほど味覚の鋭い人にしかわかりそうもない。

ライシージャはハリスコ州のプエルト・バジャルタの北、テキーラから海岸へ向かう途中の山岳地帯で造られている。ライシージャは「小さな根」を意味するので、かつてはアガベの根から造られていると誤解されていた。実際には他の地酒と同じように球茎全体が使われている。ハリスコ州でもライシージャが造られているのは西シエラ・マドレ山脈と海岸の間の細長い地域にあるプエルト・バジャルタ、ラ・ウエルタ、マスコタ、タルパ、アテンギージョ、アユトラ、クアウトラ、グアチナンゴ、ミストラン、チキリストラン、エル・トゥイト、カボ・コリエンテス、サン・セバスティアン・デル・オステ、トマトランなどだ。

ライシージャには、葉に黄色い縁どりのあるアガベ・アングスティフォリア（一般には「チコ・アギアル」あるいは「イエロー」などと呼ばれている）を使うこともあるが、普通はアガベ・マキシミリアーナを使う。地元で「ラバの足 Pata de mura」と呼ばれているこのアガベは、種子から育てているうちに自然交配で生まれた雑種であり、おもしろいフレーバーがある。

もともとライシージャは密造酒として売られていたのだが、今では正規のメーカーが合法の酒として造っている。メキシコ・ライシージャ販売促進委員会は「テキーラの祖父」という宣伝文句を使い、ほかのアガベ・スピリッツと同じように植民化以前にさかのぼる歴史を売り物にしている。もちろん、それが真実だという証拠はないのだが、地元住民のプライドをくすぐるだけでなく、プエルト・バジャルテを訪れる観光客の好奇心にも訴えようということだろう。

シクアはミチョアカン州の地酒で、土地の言葉でアガベをシクということからこの名前がついている。ミチョアカン・メスカル製造者組合は、シクアをメスカルの原産地呼称に加えるよう何年も交渉を続けたが結局認められず、独自の呼称として勝負することにした。アガベ・スピリッツとしてはいちばんの新顔である。

チワワ、ドゥランゴ、コアウイラの3州で造られているソトルの場合は、原料の植物もソトルと呼ばれている。これは厳密にいえば学名をダシリリオン・ウィーレリ（Dasylirion Wheeleri）というダシリリオン属（アガベ属ではない）の植物で、「砂漠のスプーン」とも呼ばれ、挿し木でなく種子から栽培されている。完全に成長するまでに10～15年かかり、冬に収穫されたものしか醗酵しない。他のメキシカン・スピリッツと違い、ソトルは（今までのところ）スペインによる征服以前にさかのぼる歴史があるという主張はしていない。実際のところソトルを開発したのは、1970年代にテキーラ業界の主導で始まった規制を受けない蒸溜酒をさがしていたビノメックス（Vinomex）社である。当然のことながら今では、メキシコ・ソトル委員会とも呼ばれる公式のソトル規制委員会が設立されている。他の小規模なソトル・メーカーも、NOM（メキシコ公式規格）159を獲得して成長の見込めるソトル市場に参入しようと奮闘中だ。

第10章◉メキシコから世界へ

メキシコにとって、21世紀初頭のリーマン・ショックによる痛手は比較的小さなものだった。蒸溜酒にもほとんど影響はなかった。世界的不況の中でもテキーラとメスカルの世界市場における販売は増加を続け、とりわけプレミアム・ブランドの売り上げは急速に拡大した。不況のどん底だった2009年から2010年にかけてプレミアム・テキーラの販売は28パーセント増加し、2012年にも22パーセントの増加を達成している。国によっては信じられないほどの伸び率を記録し、たとえばカナダでは76・7パーセントだった。アメリカ合衆国でのテキーラ消費量は5年間で45パーセント増加している。このような現実をみて、メキシコがテキーラとその産地の観光面における価値に気づいたのは当然のことだった。世界中のカクテル用スピリッツの棚にちょっとめずらしい新顔としていったん入りこんでしまうと、テキーラ・メーカーはメキシコ政府と共同で、あるいは単独で販売促進に励み、テキーラ全体としても個々のブランドとしても、しだいに広く知られるようになってきた。

テキーラ業界は、テキーラの売り上げが驚異的な勢いで伸びてきたことだけでなく、まだテキーラを知らない国がある――つまりまだ販売を伸ばす余地があることを喜んでいる（それでも、テキーラは今や世界１００か国以上で販売されているのだが）。アメリカ合衆国は相変わらず最大の市場で、２０１０年の全輸出量の77・６パーセントを占めている。この比率は前年を少し下まわったものだが、金額は前年比９パーセント増である。

テキーラをまだ知らない消費者に対しては、テキーラそのもの、あるいはそれぞれのブランドについて説明する必要がある。プレミアム・テキーラのメーカーの多くが心配するのは、アメリカ市場でも最近までは（ＥＵでは今も）、消費者にとってのテキーラのイメージは、彼らがどんちゃん騒ぎのパーティーで安物をがぶ飲みした経験がもとになっていることだ。

イギリスで１９８８年に制定された商品の「重量表示および計量規則」の対象となるスピリッツの一覧にテキーラが含まれていなかったという事実は、その当時イギリスのバーには計量法を定める必要があるほどテキーラやメスカルが置かれていなかったのだろう。なにしろテキーラのおもな飲み方だった「３種類以上の液体をミックスしたカクテル」もリストに含まれていなかったくらいだ。最近はプレミアム・テキーラの人気が高まってきたから、いずれリストに載る日がくることだろう。しかしイギリスのパブでありふれたスピリッツを注ぐのに使う計量容器に、凝ったデザインのボトルからプレミアム・テキーラを注ぐ光景はちょっと想像できない。プレミアム・テキー

ルナスルのテキーラとテキーラ・サンライズ

ラのメーカーは今、彼らの製品は上等のコニャックやシングルモルトのスコッチのようにゆっくり口に含んで味わうものだと――そしてそれにふさわしい値段を払うべきものだと――世界中の目利きを気どる人々に啓蒙しているところなのである。

ドイツはテキーラの輸出先としてはアメリカに次いで第2位だが、メーカーによれば、そこから東ヨーロッパ諸国に転売されているということだ。それでも市場の要求にこたえ、直接メキシコから輸出することも増えている。

ブラジル、ロシア、インド、中国の英語の頭文字をとったブリックス（ＢＲＩＣｓ）は、近年の経済成長が著しい国の代表格とみなされている。２００９年から２０１０年にかけての成長率がなんと46パーセントを記録したロシアでは、特に急速に経済力を伸ばしてきた女性たちの間で、ウオッカより良いフレーバーのあるシックな飲み物が求められるようになった。クエルボのマーク・バヤルドは「ロシア市場では概して女性は男性の3倍テキーラを飲む」と言っている。

パトロン社の事業拡大は、必ずパトロンの酒を買って帰る裕福な旅行者という顧客層がベースになってきた。ＣＥＯマクダネルはこう語る。「旅行先の町でパトロンが見つからないと、彼らは何かほかのブランドを買って帰り、私たちはその客を永久に失うかもしれない。だから私たちは高級なレストランやバーやホテルでは必ずパトロンが買えるようにしている。免税店の場合はまた別の戦略をとっている。免税店では高価な品物が売れるものだが、パトロンにはプレミアム・テキーラという製品がある。私たちは免税店のオーナーに、お宅には安物のテキーラしかないですね、と指摘する。オーナーは理解してくれる。作戦は成功だ。今では世界の主要50空港のうち45か所の免税店にパトロンが置いてある」

ブリックスに代表される新興富裕層は今や世界中の高級ブランドの重要な顧客であり、高価なプレミアム・テキーラの市場拡大にとっても大きな原動力のひとつである。そして、これから拡大が見込める有望な市場はと言えば、アジアだ。テキーラ業界は日本と韓国には以前から販路があるが、今はインドと中国の巨大市場を手にいれようと販売促進をはかっている。カーサ・エラドゥーラの取締役サルバドール・アルバレスは、全世界におけるテキーラの売り上げの50パーセントをアメリカ合衆国が、35パーセントをメキシコが占めており、残りは15パーセントしかないと指摘する。「つまり、大きなチャンスがあるということだ。私たちは中国でもビジネスをしている。わが社のアジアにおける事業展開のひとつとしてだ。アジアは巨大市場であり、テキーラの売り上げを大きく伸ばしてくれるものと考えている」。プレミアム・ブランドはそれぞれの独自性を保ちながらも、高価格を設定することでは一致している。オルメカのホセ・ヘスス・エルナンデスの鼻息も荒い。「高ければ高いほど売れる。それがアジアだ。彼らはプレミアムを好む。高級な何かを求めているんだ」

プレミアム・テキーラは高級ブランドに求められるすべてを備えている——熟練の職人が精魂こめて手づくりした地元の特産品であり、スペインの征服以前にさかのぼる歴史がある。品質を追求した高級なテキーラを最初に売り出し、ひとつの基準を定めたのはおそらくポルフィディオだろう。他のメーカーも市場の要求にこたえる形で高級品市場に進出したが、パトロンやカサノブレの場合

オルメカ・ブランドのテキーラ。このテキーラはカザフスタンに輸出される。

は初めから高級ブランドとしてスタートし、手間ひまかけて造った製品であることを強調している。

環境への配慮を示すため、どのメーカーもガラスや廃棄物のリサイクルに力を入れている点は共通しているが、売り物にしているテキーラの伝統的な製法の中のあるひとつの点が、中国市場に進出するさいの障害になった。伝統的な単式蒸溜器を使って造られ、100パーセントアガベをうたうプレミアム・テキーラであればあるほど、中国の輸入規制にひっかかりやすいという事態を招いた。この製法ではアガベの繊維分が残りやすく、テキーラのメタノール含有量が増す。メキシコ政府の規制ではメタノール含有率は3ppm（1ppmは100万分の1）まで認められるが、中国は2ppmまでしか認めない。

オルメカのヘスス・エルナンデスはこう述べる。「テキーラ全体のバランスの問題なのだ。蒸溜器から最初に出てくる少し（ヘッド）と最後に出てくる少し（テール）が、全体にアロマとフレーバーを与える。そのどちらかを除いてしまったら、バランスが台無しになる」。エラドゥーラもこの問題には苦労している。中国の規制に合わせるために、プレミアム・ブランドの伝統的な製法に変更を加えることには抵抗がある。しかし、アジアの巨大市場は手招きしている。

テキーラ・メーカーは共同で上海にオフィスを置き、中国での手続きなどについて輸入業者の手助けをしている。中国政府は当初、テキーラの原産地呼称をなかなか認定しなかった。メキシコのテキーラ・メーカーは中国から偽造テキーラがあふれ出すことを、ある程度はあきらめようと考え始めていた。しかし中国の企業が偽造品を造る前に、中国は結局ＷＴＯ（世界貿易機関）に加盟し、原産地呼称を認めたのだった。

というわけで、とりあえずテキーラ業界はアジアで偽造に関する重大な事件には遭遇していない。これには相互条約により原産地呼称が認められているからというだけでなく、原料のアガベが地理的制約になるという理由もある。アガベはメキシコとその国境周辺でしか生育できないのだ。高価で、めずらしく、おいしいスピリッツ――急成長中のアジア市場にぴったりではないか。

何十億ものインド人と中国人がテキーラを飲む場面を想像すれば、誰でもハリスコ周辺でアガベを栽培しようと考えそうなものだ。しかし、アジア市場に参入するにはいくつかの壁がある。多くのメーカーはアジアにおけるメタノールの許容含有量ぎりぎりのところでテキーラを造っている。基準に合わせるために嫌々ながら製法に変更を加えるメーカーもあるが、プレミアム・ブランドは自分たちのテキーラの微妙な味のバランスに誇りがあるから、これは容易なことではない。カサノブレは交渉と技術的な改良を重ねた結果、２０１２年になってやっと中国の基準に合格し、巨大市場に参入できた。２０１３年に中国の習近平（しゅうきんぺい）国家主席がメキシコを訪問したさい、メキシコ政府が大方の予想通りテキーラの輸入規制に関する議題を最初に持ちだしたことからも、メキシコがこの問題をいかに重視しているかがわかる。中国側もメキシコ政府の熱意にこたえ、即座に輸入制限を撤廃したのだった。

◉メキシカン・スピリッツの未来

すでに書いたようにアガベはＳＦ的な姿かたちと旺盛な繁殖力をもち、昔から砂漠における貴重な栄養源となってきた。気候変動と砂漠化による食糧危機が叫ばれる中、アガベとその加工品——テキーラとメスカル——に対する注目度は今後高まっていくだろう。

多くの飲み物は穀物や果物として食べることができる原料から造られる。ぜいたくな飲み物と飢餓に苦しむ人々との対比を思うと、うしろめたい気がしないでもない。それに対してテキーラやメスカルは、おいしいだけでなく、持続可能性と社会貢献性という利点を大いにアピールすることができる。製造に関して厳しい法的な規制があるので、収益のかなりの部分は確実にメキシコとメキシコ人のものになる。

世界中でプレミアム・ブランドへの需要が高まっており、メーカーは消費者の多様な要求にこたえようと工夫をこらしている。普通ならありえないことだが、巨大な多国籍企業が地方の小さな蒸溜所に契約を申し出ることさえ実際にある。南アメリカの先住民が、落雷によるものか炉穴に落としたものか、とにかく何らかのきっかけで焼けたアガベを食べたらおいしいし元気が出ることを知った、というところからスタートして現在のハイテクな製法にいたったメキシカン・スピリッツの歴史は、人類の偉大な進歩の見本である。それでいて、今もかまどの燃えさしの薪をつついているサポテカ族の職人たちは、私たちにはるかな先祖のことを思い起こさせる。これはハイテクを駆使した大企業の製品にはできないことだ。

テキーラ、メスカル、その他のアガベから造ったスピリッツはどれも、古い歴史だけでなく広い世界に向かって開こうとする未来に満ちている。アガベ・スピリッツの未来に乾杯！

祖先の扮装をしたサポテカ族の若者

謝辞

本を書くというのは孤独な作業だが、この本のような内容の場合、多くの方々の熱心な協力がなければ完成はとても不可能だ。

ニューヨークでふたりの暴漢に襲われ、ピストルで頭を強打されたせいで執筆が遅れたのは不幸なことだったが、締め切りを遅らせ、つねに私を支え続けてくれたリアクション・ブックスのマイケル・リーマンと、脳震盪のせいで頭がくらくらしていた私が図版を整理するのを手伝ってくれたマリアンには心から感謝している。

私が執筆に苦しんでいたときも寛容に接してくれた愛する息子たち、オーウェンとイアンにも本当に助けられた。メキシコにおける現地調査に関してはブラウン・フォーマン社があらゆる面で協力を惜しまず、傘下にあるエラドゥーラの人々ばかりか、テキーラやメスカルに関わるそれ以外の多くの魅力的な人々とも面会してお話をうかがう手配をしてくれた。

そもそも私がこの本の執筆を思いついたのは、「スピリッツ・オブ・メキシコ」フェスティバルの創設者であるドーリ・ブライアントからインスピレーションを得たからだ。しかしほかにもロバート・プロトキン、フアン・ベルナルド・トレス・モーラ、ダグ・フレンチ、ロン・クーパー、マーティン・グラッスル、J・P・デ・ロエラ、ホセ・〝ペペ〟・エルモシージョ、ジョシュ・ワートマンの各氏、さらにはグアダラハラ市のテキーラ会議所とテキーラ規制委員会などの多くの方々から協力をいただいた。こうしたすべての皆様に、心からお礼申し上げる。

訳者あとがき

本書『テキーラの歴史』はイギリスの Reaktion Books より刊行されている The Edible Series の一冊、イアン・ウィリアムズ著 *Tequila: A Global History* の全訳である。このシリーズは、２０１０年に料理とワインに関する良書を選定するアンドレ・シモン賞の特別賞を受賞している。

ところで本書のテーマであるテキーラについて、私たち日本人はどんなイメージをもっているだろうか。メキシコの蒸溜酒だということはある程度知られているかと思う。おいしいカクテル、フローズン・マルガリータの材料であることを知っている人、それを飲んだことがある人もいるだろう。だがそれ以上となると……サボテンから造る？　のどが焼けるほど強い？　たしか塩をなめながら飲む？　虫が入っているのでは？　……こんなところかもしれない。しかし本書を読み進めば、こうした断片的なイメージは、完全に間違っているとは言えないまでも、かなり不正確なものだとわかってくる。

新石器時代に北アメリカ大陸から南下してきた先住民は、メキシコに自生していたアガベ（リュウゼツラン）の球茎が焼けたものを何らかのきっかけで口にし、それが空腹を満たす甘くておいしい食料になることを知り、たまたまアガベの樹液が醱酵してできた液体を飲んでみたらいい気分になることを発見したらしい。世界のいたるところで、新石器時代の人類はムギやトウモロコシなど主食となる穀物をみつけ、知恵をしぼって改良し栽培に励んだわけだが、驚くのはそれに勝るとも劣らない創意と工夫をかさねてアルコール飲料を造りだしていることだ。穀物を煮たものがたまたま醱酵し、それを搾った液を病人に飲ませたら元気になった、ということで薬として使われたのが始まりかもしれないが、飲んでみたら疲れがとれてなんだか楽しくなったからまた飲みたい、また造りたい、ということだったのかもしれない。

メキシコの先住民たちはスペインの植民地となってからも、アガベを原料とするテキーラやメスカルなどの地酒をほそぼそと造り続け、独立後は自分たちのアイデンティティのあかしとして誇りをもって造っている。その一方で、植民地時代の大農園主が創設した大規模な蒸溜所や新規参入の企業もくわわり、今ではテキーラも年代物のスコッチやブランデーのような高級化が進んでいる。もはやテキーラは、宴会でてっとりばやく酔って騒ぐための強い安酒ではないのだ。

ウォッカの原料のジャガイモ、ウイスキーの原料である大麦やトウモロコシ、ワインの原料のブドウなどは世界各地で栽培できるが、テキーラの原料となるアガベはメキシコ以外ではほとんど生育していない。そのアガベを原料とする蒸溜酒の中でも、テキーラと名のることができるのは、ハリスコ州とその周辺でアガベ・テキラーナ・ウェベル・バリエダ・アスルという種類のアガベを原料として造られたものだけだ。テキーラという名称はハリスコ州にあるテキーラ火山とそのふもとの町の名前に由来し、フランスのシャンパンのように原産地呼称制度で保護されている。しかしメキシコには、認証されたテキーラの産地以外で別種のアガベを原料として造られた蒸溜酒もたくさんあり、それぞれがテキーラに続けと言わんばかりに独自の名称をかかげ、地域のプライドをかけて販路を開拓しつつあるようだ。まるで日本の各地で、小規模ながらも心をこめておいしい酒を造り続けている、誇り高い日本酒の蔵元のようではないか。

ほとんどのテキーラ・メーカーは、彼らが造りあげた自慢の製品を世界中に届けるため、いくつかある世界的な飲料企業グループのどれかと販売契約を結んでいる。そのおかげで、メキシコから遠く離れた日本にいる私たちも、おいしいテキーラを味わうことができるわけだ。ただし、テキーラのアルコール度数は40度ほどもあるから、いくらフローズン・マルガリータの口当たりがよくても、飲みすぎにはご注意を。

最後になったが、本書の訳出にあたり多くの助言をくださった原書房の中村剛さん、オフィス・スズキの鈴木由紀子さんに心からお礼申し上げる。

伊藤はるみ

２０１９年６月

写真ならびに図版への謝辞

図版の提供と掲載を許可してくれた関係者にお礼を申し上げる。

Photos courtesy of the author: pp. 18, 34, 35, 38, 39上下 , 41, 44, 46, 49, 52, 66, 70, 71, 72, 77, 78, 85, 88, 93, 94, 101, 104, 114, 120, 124, 131, 132, 135, 136, 138, 140, 142, 146, 154, 158; Biblioteca Nazionale Centrale, Florence: p. 59; Bodleian Library, Oxford: pp. 56, 61; British Museum, London (photo © The Trustees of the British Museum): p. 54; photo Antonio Cavallo: p. 151; photos William Henry Jackson: pp. 17, 58; Library of Congress, Washington, DC (Prints and Photographs Division): pp. 17, 58.

Germán Amaya Franky, copyright holder of the image on p. 125, Bin im Garten, the copyright holder of the image on p. 10, Castle Brands Inc., the copyright holder of the image on p. 24, and Dano Veal., the copyright holder of the image on p. 29, have published these online under conditions imposed by a Creative Commons Attribution-Share Alike 3.0 Unported license.

参考文献

De Barrios, Virginia, *A Guide to Tequila, Mezcal and Pulque* (Mexico City, 1980)

Flores-Pérez, Patricia, and Patricia Colunga-Garcíamarín, 'Distillation in Western Mesoamerica before European Contact', *Economic Botany*, LXIII/4 (2009), pp. 413-426

French, Douglas, *The Mezcal Kingdom, History, Laws, Production and Cocktails* (Oaxaca, 2010)

Garcia-Maya, E., et al., 'Highlights for Agave Productivity', *GCB Bioenergy*, III/I (2011), pp. 4-14

Jose Cuervo, The Oldest Tequila Company in the World: A Family History (Mexico City, 2009)

Martinez Limon, Enrique, *Tequila, Tradicion y Destino* (Mexico City, 2004)

'Mezcal', *Arte Tradicional de Mexico*, no. 98 (2010)

Mitchell, Timothy, *Intoxicated Identities: Alcohol's Power in Mexican History and Culture* (New York, 2004)

Mores-Torra, Juan Bernardo, *El Arte de Conocer, Saborear y Admirar Tequila* (Jalisco, 2008), at www.consultoresenrentabilidad.com

Petzke Karle, *Tequila: Myth, Magic and Spirited Recipes* (San Francisco, CA, 2009)

Roy-Sanchez, Alberto, and Margarita de Orellana, eds, *Tequila: A Traditional Art of Mexico* (Washington, DC, 2004)

—, and —, eds, *Guia de Tequila, Artes de Mexico* (Mexico City, 2007)

Sanchez-Lopez, Alberto, *Oaxaca Tierra de Maguey y Mezcal* (Oaxaca, 2006)

'Tequila', *Arte Tradicional de Mexico*, no. 27 (1999)

Valenzuela-Zapata, Ana G., and Gary Paul Nabhab, *Tequila! A Natural and Cultural History* (Tucson, AZ, 2003)

Vargas-Ponce, Ofelia, Daniel Zizumbo-Villareal and Patricia Colunga-Garciamarin, *In Situ Diversity and Maintenance of Traditional Agave Landraces Used in Spirits Production in West-Central Mexico*, Centro de Investigacion Cientifica de Yucatan

Villalobos Diaz, Dr Jaime Augusto, *Sauza, Lineage and Legend: A Family that Created an Industry for all Times* (Guadalajara, 2007)

Walker, Ann and Larry, *Tequila: The Book* (San Francisco, CA, 1994)

◉バカノラ（Bacanora）

Pascola Reposado　www.bacanorapascola.com

◉ライシージャ（Raicilla）

La Venenosa　www.facebook.com/pages/la-Venenosa-raicilla

Partida www.partidatequila.com
Patrón www.patrontequila.com
Porfidio www.porfidio.ch
Pura Vida www.puravidatequila.com
Qui www.quitequila.com
Sauza www.sauzatequila.com
Siembra Azul www.siembraazul.com
Siete Leguas www.tequilasieteleguas.com.mx
Suerte www.drinksuerte.com
T1 www.t1tequila.com
Tapatio www.specialitybrands.com/brands/tapatio-tequila
Tres Generaciones www.tresgeneraciones.com

◉メスカル（Mescal）

Alipus www.vinecraft.com/portfolio/alipus-mezcal
Beneva www.mezcalbeneva.com
El Buho www.elbuhomezcal.com
De Leyenda www.mezcalesdeleyenda.com
Del Maguey www.mezcal.com
Fidencio www.fidenciomezcal.com
Ilegal www.ilegalmezcal.com
El Jolgorio www.agavespirits.com/products-el-jolgorio-mezcal.php
Joya Azul www.joyasmezcal.com
Montelobos www.montelobos.com
Pierde Almas www.pierdealmas.com
Real Matlatl www.realmatlatl.com
Real Minero www.realminero.com.mx
Scorpion www.scorpionmezcal.com
Los Siete Misterios www.sietemisterios.com/main

◉ソトル（Sotol）

Don Cuco www.doncucosotol.com
Hacienda de Chihuahua www.vinomex.com.mx

新の情報にアクセスできるようにしておいた。

●テキーラ（Tequila）

すべての蒸溜所とその製品については www.tequila.net/nom-database.html を参照されたい。

すべてのボトルのラベルには NOM ナンバーが記載されており，それによってどこで製造されたものかわかる。いくつものブランドが同じ場所で製造されていることも多い。

4-Copas　www.4copas.com
1921　www.tequila1921.com
Alderete　www.facebook.com/TequilaAlderete
Arta　www.artatequila.com
Avion　www.tequilaavion.com
Cabo Wabo　www.cabowabo.com
Casa Noble　www.casanoble.com
Cava De Oro　www.yankeebarbareno.com/2013/07/30/
Cazadores　www.cazadores.com
Chinaco　www.chinacotequila.com
Don Julio　www.donjulio.com
El Destilador　www.destileriasantalucia.com
Excellia　www.excelliatequila.com
Fortaleza　www.tequilafortaleza.com
Gran Centenario　www.proximospirits.com/centenario-1.html
Herradura　www.herradura.com
El Hornitos　www.hornitostequila.com
El Jimador　www.eljimador.com
José Cuervo　www.cuervo.com
Luna Nueva　www.lunanuevatequila.com
Milagro　www.milagrotequila.com
Montalvo　www.montalvotequila.com
Muerto　www.muertotequila.com
Ocho　www.ochotequila.com
Olmeca　www.olmecatequila.com
Orendain　www.casaorendain.com

テキーラのブランド

テキーラにはすでに1000以上のブランドがあるうえに，毎週のように新しいブランドが生まれており，とうていすべてを列挙することはできない。有名人の誰もが自分のブランドをもちたいと考えているようでもある。さらに，最近はメスカルのブランドも何百とある。その他のアガベ・スピリッツのことはこのさい忘れるとしても，である。ブランドの多くは特定の蒸溜所に生産を委託している。ひとつの蒸溜所がいくつものブランドのテキーラを製造している。熱心なテキーラ愛好家はラベルに記された蒸溜所のNOMナンバーをチェックして，どこで造られたものかを知ることもできるが，大半は特徴のない大量生産のテキーラをボトルに詰めただけのものだ。本当に良いものは注文生産になる。

メキシコへの投資に慎重だった蒸溜酒業界の多国籍企業と，独占販売契約を結んでいるブランドもある。たとえばクエルボ（2013年までディアジオと販売契約を結んでいた）やカボワボ（カンパリ），サウザ（ジム・ビーム），エラドゥーラ（ブラウン・フォーマン），カサドレス（バカルディ），オルメカ（ペルノリカール），パトロン（以前はシーグラムだったが現在はバカルディ），エル・テソロ（ジム・ビーム），ドン・フリオ（ディアジオ）などである。大きなブランドは一気飲み用の安物からプレミアム・テキーラまでのラインナップをそろえているのが普通だが，より舌の肥えた人々に好まれる小規模なプレミアム・ブランドもある。

好みは人さまざまであり，テキーラにくわしいある人が「何だ，これは」と吐き出すものでも，いく人もの根強いファンがいる場合もある。そこで完全に問題外だと思われるものは除き，品質面あるいはセールス面で納得できるだけの理由のないミクストも除外して，100％アガベ優先で以下のリストを作った。

昨今の風潮から，さまざまな認定を受けているオーガニックな製品もある。アガベを自家栽培しているブランドもあれば買い入れているブランドもある。標高が高く火山灰土の畑で育ったアガベは成長に時間がかかる分だけ――メーカーに言わせれば――繊細な味になるので，高地産のアガベを使っていることをセールスポイントにするブランドもある。離合集散と変身を繰り返して成長していくアガベ・スピリッツ業界のたくましさは，アガベという植物の生命力と似通っているかもしれない。ブランドも生まれては消え，形を変え，別の蒸溜所に根を下ろす。以下のリストには各ブランドのウェブサイトを併記し，最

ホーベンまたはオーロ
レポサド
アニェホ
エクストラ・アニェホ

5-2-2

国外市場に向けては，前項に規定した分類を適宜相手国の言語に翻訳するか，または以下のように言い換えてもよい。

ブランコまたはプラタを「シルバー」に。

ホーベンまたはオーロを「ゴールド」に。

レポサドを「エイジド」に。

アニェホを「エクストラ・エイジド」に。

エクストラ・アニェホを「ウルトラ・エイジド」に。

ム・オークの木製容器にじかに接した状態で少なくとも3年間熟成したもの。熟成年数はラベルに記載しないこと。販売時のアルコール含有量は水を加えて調整しなければならない。

5 分類

◉5-1 カテゴリー

テキーラは，製造に使われる自然なアガベに由来する糖の比率により，以下に記すふたつのカテゴリーに分類される。

5-1-1 「100パーセント・アガベ」

本規格4-34項に規定された，「布告」に記載された地域内で，醱酵にさいしてアガベ・テキラーナ・ウェベル・バリエダ・アスルから得られた糖以外の糖を使用しないで製造されたもの。「100パーセント・アガベ」テキーラと認定されるには，「布告」に記載された地域内にあり，認可を得た製造者が管理する瓶詰め工場で瓶詰めされなければならない。

このカテゴリーのテキーラは，以下にあげるいずれかの表現をラベルに記載しなければならない：すなわち「100% de agave」，「100% puro de agave」，「100% agave」，「100% puro agave」のいずれかである。このいずれにおいても「azul アスル」の語を付け加えることはできる。

5-1-2 「テキーラ」

本規格4-34項の第1節で定義された製品は，醱酵の増進のため，当NOM規定により，質量単位で全還元糖の49パーセント以下であれば，事前に他の糖類を混入することができる。この質量単位で全還元糖の49パーセント以下の糖類はアガベ由来のものでなくてもよい。全還元糖の51パーセントは「布告」に規定されている地域内で栽培されたアガベ・テキラーナ・ウェベル・バリエダ・アスル由来のものでなければならない。

この製品の瓶詰めは，本規格6-5-4-2項および関係する各条項に定める条件を満たし，厳密に規定を順守するのであれば，認可を受けた製造者に属する瓶詰め工場でなくても行うことができる。

◉5-2 種類

5-2-1

蒸溜後の過程で獲得する特徴にもとづき，テキーラは以下のように分類される。

ブランコまたはプラタ

テキーラとは,「布告」に記載された地域内の認可を得た製造施設で,アガベ・テキラーナ・ウェベル・バリエダ・アスルの中心部を原料とし,その原料から直接抽出されたものから造られた醱酵物,すなわちマストを蒸溜することで得られる産地指定のアルコール飲料である。マストの製造工程は加水分解と加熱を含み,培養による,または自然に存在する酵母菌によってアルコール醱酵させる前に,その増進のため,当NOM規定により,質量単位で全還元糖の49パーセント以下であれば他の糖類を混入することができる。ただし常温混合は不可である。テキーラはその種類により無色または着色された液体であり,着色のものはオークまたはホウム・オークを材とする木製容器の中で熟成されたもの,または一定期間寝かせることなく他の方法で芳醇にされたものである。テキーラは,その色,香りまたは/および風味を増すために,保健省が認可した甘味料,着色剤,芳香剤または/および風味添加剤を添加することができる。当NOM規格における「テキーラ」に関する言及は,第5章で定めるふたつのカテゴリーに適用される。ただし「100パーセントアガベ」テキーラに言及する場合は別とする。

4-34-1　シルバー・テキーラ(ブランコ)

水を加えて販売時のアルコール含有量を調整しなければならないもの。

4-34-2　ゴールド・テキーラ(ホーベンまたはオーロ)

円熟味を増す手段をとったもの。販売時のアルコール含有量は水を加えて調整しなければならない。

ブランコとレポサドおよび/またはアニェホと混合したものはホーベンとみなされる。

4-34-3　熟成テキーラ(レポサド)

円熟味を増す手段をとったもので,オークまたはホウム・オークの木製容器にじかに接した状態で少なくとも2か月間熟成したもの。必要があれば水を加えて販売時のアルコール含有量を調整しなければならない。

レポサドとアニェホを混合したものはレポサドとみなされる。

4-34-4　長期熟成テキーラ(アニェホ)

円熟味を増す手段をとったもので,最大容量600リットルのオークまたはホウム・オークの木製容器にじかに接した状態で少なくとも1年間熟成したもの。販売時のアルコール含有量は水を加えて調整しなければならない。

アニェホとエクストラ・アニェホを混合したものはアニェホとみなされる。

4-34-5　超長期熟成テキーラ(エクストラ・アニェホ)

円熟味を増す手段をとったもので,最大容量600リットルのオークまたはホウ周囲1.5バラ四方は雑草を除いておかなければならない。

バランコ（Barranco）　露天の炉穴。

バルベオ（Barbeo）　アガベの葉を剪定すること。

パレンケ／パレンケロ（Palenque/Palenquero）　職人が手づくりする小規模な蒸溜所／その職人。

ピニャ（Piña）　収穫され，葉を刈り取られたアガベの球茎。

ヒマ（Jima）　アガベを収穫し，球茎から葉を切りとること。

ペチュガ（Pechuga）　メキシカン・スピリッツのひとつで，もとは蒸溜器の中に鶏の胸肉をつるして蒸溜していたが，今は2回目の蒸溜の前に果物やスパイスの香りを抽出させて造るもの。

ベルデ（Verde）「緑」の意味。アグアミエル，ミント，レモン，ウオッカで作る飲み物で，冷やしたものがトラスカラ州で飲まれている。

ペンカ（Penca）　アガベの葉。加熱する前に刈り取られる。

マゲイ（Maguey）　スペイン人がカリブ海地域で覚え，植民地時代に使われていたアガベを表す単語。

ムニェカ（Muñeca）　プルケを造るとき醱酵を増進するために入れる（と言われた）糞入りの靴下。

メスカレロ（Mezcalero）　メスカルを造る人。

メトル（Metl）　植民地時代以前に使われていたアガベを表すナワトル語の単語。

モリノ（Molino）　メスカル製造に使われる石臼。

レチュギーヤ（Lechugilla）　野生のアガベであるレチュギーヤから造ったメスカル。ソノーラ，チワワ，プエブラの各州で特別なときに飲む伝統の酒。

プルケのグラスのサイズと呼び方

トルニージョ（ひとつまみ）　0.125リットル
カトリナス（お洒落な女の子）　0.25リットル
チビトス（小さな山羊）　0.5リットル
カニョネス（大砲）　1リットル
マチェタ（花瓶）　2リットル

NOMによる定義

4-34　テキーラ

コラソン（Corazon）　蒸溜器から出る液のうち，最初（頭）と最後（尾）の液の間に出てくる部分。

サングリタ（Sangrita）　トマトジュース，オレンジジュース，チリパウダーなどを混ぜたもので，テキーラやメスカルのチェイサーとして飲まれる。

シシ（Shi-shi）　職人手づくりのメスカルの1回目の蒸溜でできた酒。

シュティシュベウ！（Shtishbeu!）　サポテカ族の方言のひとつで「乾杯！」のこと。

ソトル（Zotol）　プエブラ州で，アガベの一種ソトルを原料として造られる蒸溜酒。

タオナ（Tahona）　加熱したアガベをつぶすための石臼。「チリのモリノ（石臼）」と呼ばれることもある。

チオーテ／キオーテ（Chiote/Quiote）　アガベの花茎。

チチワルコ（Chichihualco）　ゲレーロ州チチワルコ・デ・ロス・ブラボ産のメスカル。

チャクアコ（Chacuaco）　テキーラ近辺の蒸溜所の煙突。

チャラグア（Charagua）　熟成した甘い醗酵酒プルケに赤トウガラシと焼いたトウモロコシの葉を入れた飲み物。トラスカラ州で，家庭用および儀式用に飲まれている。

ティナ（Tina）　木製の醗酵槽。

ティナカル（Tinacal）　ティナのある醸造場。

テキレロ（Tequilero）　テキーラを造る人。

テコリオ（Tecolio）　アガベにつくイモムシの入ったプルケ。オアハカ州で伝統的な祭などの特別なときに使われる。

テパチェ（Tepache）　かつては蒸し焼きにしたアガベから造る飲み物だった。今は蒸溜前の醗酵液，またはパイナップルから造った醗酵酒をさす。

トゥスカ（Tuxca）　ハリスコ州トゥスカクエスコ産のメスカル。

トバラ（Tobala）　オアハカ州高地の日陰に自生する小型のアガベ。メスカルの製造に使われ，今は栽培もされている。

トラチケロ（Tlachiquero）　アグアミエルを採取する人。

ノム（NOM: Normas Oficiales Mexicanas）　テキーラ，メスカルおよびその他のメキシカン・スピリッツに関する公式規格。

バガセ（Bagasse）　醗酵してメスカルになるどろどろの液。または醗酵後に残る繊維質のかす。

バラ（Vara）　物差しのこと。1バラは0.836メートル。ひとつひとつのアガベの

専門用語と定義

用語集——アガベの話をするために

テキーラやメスカルにくわしいところを見せたいなら，会話に専門用語をいくつか混ぜると効果的だ。それぞれの地域に独特の醱酵や蒸溜の技術があり，スペイン語を母語としない地元の人も多いので，原料のアガベと同様に，専門用語もおのずと地域による違いがある。

アガベを栽培する場所にしても，地域によってポトレロス（potreros 牧場），カンポ・デ・アガベ（campo de agave アガベの畑），ロス・アルトス（Los Altos 高地），ウェルタス（huertas 果樹園）などと呼ばれている。

以下にいくつかの用語とその定義をあげておく。


アグアミエル（Aguamiel）　アガベの樹液。

アココテ（Acocote）　アグアミエル（アガベシロップ）をすくうのに使う首の長いひょうたん型の道具。

アチャ（Hacha）　ピニャ（球茎）を割るのに使う斧。

アピロテ（Apilote）　アグアミエルを集めるのに使う壺
イストレ（Ixtle）　アガベの繊維。紙やロープや紐の材料になる。

イフエロス（Hijuelos/Ijuelos）　アガベの親株から分かれてできた子株あるいはランナー（匍匐茎）。

オジャ（Olla）　メスカル製造に用いられる粘土製または銅製の蒸溜器。

オルディナリオ（Ordinario）　1回目の蒸溜でできた酒。

オルノ（Horno）　アガベを蒸し焼きにする伝統的な窯。

カパダ（Capada）　キオーテ（高く伸びたアガベの花茎）を切ってしまうこと。

カベサ（Cabeza）　テキーラに使うアガベの芯。または蒸溜の最初に出てくる泡。

グサーノ（Gusano）　金色または赤色の，決してテキーラには入っていないがメスカルには入っていることもあるイモムシ。昔からタンパク源として食べられてきた。

コア（Coa）　ヒマドールがアガベの剪定に使う刃物。

コゴージョ（Cogollo）　アガベの葉がそこから伸びる中心の部分。

コラ（Cola）「尾」の意味。蒸溜器から出てくる液の最後の部分。

レシピ集

カクテル

テキーラやメスカルを飲むとき，ひと昔前までは強烈な刺激に対抗するための柑橘類と塩による妙にマゾヒスティックな儀式が付き物だったが，今ではこの儀式をする人はほとんどいない。そもそもテキーラは，とてもおいしいものなのだ。卒業パーティーの若者ならろくに何も食べないでガブガブ飲むかもしれないが，味の違いがわかる大人なら，上等のコニャックかシングルモルト・ウイスキーをたしなむかのように，ブランデーグラスに注がれたプレミアム・テキーラの香りをたのしみ，少量ずつ口に含むものだ。

しかし若年層にカクテルの人気が高まっている近年は，味の個性が強いテキーラとメスカルがカクテルのベースとして好まれるようになっている。中でも不動の人気を誇るのはマルガリータとテキーラ・サンライズで，どちらもアイデアしだいでさまざまなアレンジが可能だ。

さらに複雑な味を追求する人なら，ブランドの違うものをミックスしてフレーバーを変化させることもある。たとえば，スモーキーな風味を出すためにメスカルを使うこともあるだろう。以下にあげるカクテルのレシピは，そのときキャビネットにあるものに合わせて好きなようにアレンジしてほしい。

◉マルガリータ

基本的な材料を選ぶさいの好みの問題はさておき，この非常に有名なカクテルを作ること自体は簡単だ。氷を入れてもいいし，凍らせてもいい。グラスの縁をしめらせて塩または砂糖をつけてもいい。材料は3種類だけ。この組み合わせから生まれる爽快できりっとした味と香りは誰でも好きになるはずだ。ここにあげた比率は3：1：2だが，2：1：1を好む人もいる。

テキーラ…45*ml*
トリプルセック（コアントロー，キュラソー，コンビエ，グランマニエなど，オレンジの果皮の香りをラム酒やブランデーに浸出したリキュール）…15*ml*
搾りたてのライムジュース…30*ml*
くし形に切ったライム…1切れ
グラスの縁につける塩または砂糖（好みで）

好きなようにアレンジしてかまわない。3つの材料とクラッシュした氷か角氷をシェーカーに入れて振ってから，あらかじめ冷やしておいたグラスに注ぐ。好みで縁に塩か砂糖をぬっておいてもいい。最後にくし形のライムを飾ってできあが

り。

……………………………………………

◉テキーラ・サンライズ

テキーラ・サンライズは国際バーテンダー協会のオフィシャル・カクテルであり，バーテンダーの技術と忍耐力が試されるカクテルでもある。業界では「レイアード・シューター」(層になった酒)と呼ばれている。

テキーラ…45*ml*
オレンジジュース…90*ml*
グレナディン・シロップ…15*ml*
または
テキーラ…45*ml*
炭酸入りライムジュース…90*ml*
クレーム・ド・カシス…15*ml*

テキーラをグラスに注ぎ，氷を入れる。その上からオレンジジュースを静かに注ぎ，さらにグレナディン・シロップを，グラスの壁に当てたスプーンをつたわらせて，他のものと混ざらないで底に沈むよう慎重に注ぐ。シェークしたりかき混ぜたりしてはいけない。

……………………………………………

◉テキーニ

ジンやウオッカでなく，テキーラをベースにしたマティーニのこと。普通は若いブランコ（シルバー）のテキーラが使われる。テキーラの味が比較的ストレートに出るので，プレミアム・ブランドのブランコを選ぶといい。

ブランコのテキーラ…75*ml*
ドライ・ベルモット…15*ml*
アンゴスチュラ・ビターズ［ラム酒に苦みのある薬草やハーブを浸して作ったもの。小瓶に入っている］…1振り（5，6滴）
飾り用のレモンツイストまたはオリーブ

氷を入れたシェーカーにテキーラ，ドライ・ベルモット，ビターズを注いで十分にシェークする。それを冷やしておいたグラスに注ぎ，オリーブかレモンツイストを添える。
スイート・テキーニの場合はテキーラをレポサドにして，ドライでなくスイート・ベルモットを使う。

……………………………………………

◉ブレイブ・ブル

どちらもメキシコ生まれのテキーラとカルーアのカクテルは，ほどほどの腕前のバーテンダーでも十分おいしく作ることができる。

テキーラ（ブランコ）…60*ml*
カルーア（コーヒー・リキュール）…30*ml*

角氷を入れた普通のグラスにテキーラを注ぎ，さらにカルーアを入れてグラスを数回しずかにまわして全体をかるく混ぜる。

………………………………………………

◉スパイシー・ジンジャー＝ミント・カクテル

テキーラ（カサノブレ・クリスタル）…270*ml*
手づくり風のジンジャーエール…（360*ml* 入りの瓶で）4本分
ミント…茎の葉先を12個
ライム…1個（6枚の輪切りにしておく）

容量450*ml* のグラス6個に氷を入れておく。それぞれのグラスにテキーラを45*ml* ずつ注ぎ，その上からジンジャーエールを入れる。グラス1個につきミントの葉先を2個とライムの輪切り1枚を添える。

最近は材料のジンジャー（ショウガ）にこだわった高級なジンジャーエールがある。好みに合わせて選ぶといい。このレシピは6杯分だが，もっと少人数で飲んでしまってもかまわない。

………………………………………………

◉オータム・アップル

テキーラ（レポサド）…30*ml*
搾りたてのアップルジュース…30*ml*
搾りたてのレモンジュース…30*ml*
アガベシロップ…15*ml*

氷とともに材料を全部シェーカーに入れてシェークし，容量360*ml* のピルスナーグラス（細長いビール用のグラス）に注ぐ。

………………………………………………

◉エル・ベソ・マルガリータ

テキーラ（カサノブレ・クリスタル）…60*ml*
リコール43［スペイン産のリキュール］…15*ml*
ライムジュース…30*ml*
アガベシロップ…22*ml*
オレンジの搾り汁…7*ml*

シェーカーの中で氷と材料を合わせる。よくシェークしてから，氷とともにピルスナーグラス（容量360*ml*）に注ぐ。

………………………………………………

◉メスカル・パッション

メスカル…45*ml*
搾りたてのライムジュース…22*ml*
パッションフルーツのピューレ…90*ml*
キュウリの輪切り…3枚
アガベシロップ…小さじ1杯
ジンジャービアー［ジンジャーエールに似ているが，炭酸を入れないでイースト醗酵させたもの］…30*ml*

飾り用にキュウリの輪切り1枚と粉末のトウガラシひとつまみ

ライムジュース，アガベシロップ，キュウリの輪切りをミキシンググラスに入れ，マドラーを使ってキュウリをつぶしながら混ぜる。他の材料と氷も合わせてシェーカーでシェークする。氷を入れたロックグラスに注ぎ，キュウリの輪切りと粉末のトウガラシを飾る。

....

◉ピンク・レモネード

テキーラ（カサノブレ・クリスタル）…45*ml*
搾りたてのライムジュース…30*ml*
ザクロジュース…30*ml*
アガベシロップ…15*ml*
飾り用のオレンジピール…少々

材料をすべてシェーカーに入れ，氷とともにシェークする。カクテルグラスに注ぎ，オレンジピールを飾る。

....

◉ハーベスト・ムーン

メスカル（アニェホ）…45*ml*
アップル・リキュール…30*ml*
ナシの搾り汁…7*ml*
レモンの搾り汁…少々
卵の白身…少々
シナモン…ひとつまみ

たくさんの氷とともに材料をすべてシェーカーに入れ，強くシェークする。カクテルグラスに注いで，梨の薄切りを飾る。

....

◉メヒカリ・ブルース

ジョン・ワートマン（スピリッツ・スペシャリスト，ニューヨーク）のレシピ。

テキーラ（カサノブレ・クリスタル）…45*ml*
「ルート Root」（アート・イン・ジ・エイジ Art in the Age のリキュール）…15*ml*
ワイルドブルーベリー・シロップ…15*ml*
搾りたてのレモンジュース…15*ml*

氷を入れたシェーカーに材料を全部入れてシェークし，氷とともにカクテルグラスに注ぐ。

....

◉ノーブル・エクスペリメント

ジョー・バルドビノス（ロクサーヌズ Roxanne's，ロサンゼルス）のレシピ。

テキーラ（カサノブレ・ブランコ）…45*ml*
オルジェーシロップ（アーモンドシロップ）…15*ml*

ジンジャートニック…15*ml*
ペイショーズ・ビターズ［薬草などを付け込んで作る苦みの強いリキュール］…2振り（10滴ほど）
搾りたてのレモンジュース…21*ml*

氷と一緒にすべての材料をシェーカーに入れてシェークし，2度ストレーナーを通して濾してからクープグラス（広口で浅い脚付きのグラス）に注ぎ，串にさした「ルクサルドのシロップ漬けチェリー」［瓶詰めで入手可能］を飾る。

◉D.F.

テキーラ（カサノブレ・アニェホ）…60*ml*
ベルモット（カルパノ）…30*ml*
チェリージュース…15*ml*

材料を氷とともにシェークし，カクテルグラスに注いで，ライムの皮を添える。

◉ウォーターメロン・マティーニ

テキーラ（カサノブレ・クリスタル）…30*ml*
スイカのピューレ…60*ml*
アガベシロップ…15*ml*
ライム½個分の搾り汁

材料を氷とともによくシェークし，マルガリータ・グラスに注ぐ。グラスの縁に塩をぬる。

◉エルダーフラワー・マルガリータ

テキーラ（カサノブレ・クリスタル）…45*ml*
ライムジュース…15*ml*
エルダーフラワー・リキュール（サンジェルマン）…30*ml*
アガベシロップ…15*ml*
飾り用のライム

材料をすべて合わせて氷とともにステアし，ツイストしたライムの皮を飾る。

◉スパイシー・ウォーターメロン

テキーラ（カサノブレ・クリスタル）…60*ml*
スイカのピューレ…45*ml*
ライムジュース…22*ml*
アガベシロップ…22*ml*
炭酸入りミネラルウォーター
セラーノチリ［とても辛いメキシコ産トウガラシ］

シェーカーにセラーノチリの薄切り，スイカのピューレ，アガベシロップを入れ，チリをマドラーでつぶすようにしながら混ぜる。そこにテキーラ，ライムジュース，氷を加えて十分にシェークす

る。ストレーナーを通して氷を入れたグラスに注ぎ，炭酸水を入れる。生のセラーノチリを飾りに添える。

……………………………………………

◉リメンバー・ジ・アラモ

テキーラ（カサノブレ・アニェホ）…30*ml*
メスカル（ホーベン：熟成していないもの）…15*ml*
ベルモット…22*ml*
マラスキーノ［野生サクランボから造るリキュール］…7*ml*
アブサン［強い薬草酒］…小さじ1杯
飾り用のオレンジピール

グラスに氷と材料を入れて十分冷たくなるまでステアする。ストレーナーを通して大きめのブランデーグラスに注ぎ，ツイストしたオレンジピールを飾る。

……………………………………………

◉ドクター・ジャックス・モスコウ・マルガリータ

ベーシックなマルガリータ1杯分
小さめのビーツ（みじん切りにして）…1個分
ホースラディッシュ（みじん切りにして）…小さじ½
ニンニク…（みじん切りにして）小さじ¼
飾り用のビーツの葉

ベーシックなマルガリータをシェーカーに入れ，小さめのビーツ，ホースラディッシュ，ニンニクをきざんだものを加えて激しくシェークする。目の細かいストレーナーで濾しながらグラスに注ぎ，ビーツの葉を飾る。

料理

テキーラやメスカルといえば大抵の人は飲むだけで，料理に使うようになったのは比較的最近のことである。しかし実際には，他のスピリッツが使える料理ならほとんどのものにテキーラやメスカルが使える。もちろんその独特のフレーバーが料理をより引き立たせることもあれば，そうでないこともある。

一般にテキーラの味は，かすかでもしっかりした主張があるので，たくさん使う必要はない。いずれにせよ料理の世界では新しい試みなので，料理道具があって棚にテキーラやメスカルを並べている人なら，いろいろ試しているうちに予想外の喝采をあびることもあるかもしれない。

熟成していないブランコのテキーラなら問題なくウオッカの代わりに使える。レポサドとアニェホはラム酒やウイスキーやコニャックのような褐色系のスピリッツの代わりに使えるだろう。

テキーラやメスカルは柑橘類やマンゴー，パパイヤなどのトロピカルフルー

ツとよく合うし，もちろん同郷のアボカドとも相性がいい。フレーバーが強いので，コリアンダーやミントのようにクセの強いハーブと合わせても負けないし，当然ながらメキシコ産の辛いトウガラシとは絶妙の組み合わせになる。
テキーラと特にメスカルのフレーバーはハムやベーコンの味を引き立てる。またエビ料理や生魚のマリネも試す価値がある。

●アボカド，キュウリ，メスカルに漬けたマンゴーのグアカモーレ・ソース，カリカリに揚げた豚のバラ肉入り

ポール・イェリン（シェフ）のレシピ。

ハバネロ・トウガラシ…½個（種子をとって細かくきざむか，すりつぶす）
紫タマネギ…1個（みじん切り）
キュウリ…1本（種子を除いて粗みじん切り）
アボカド…2個（角切り）
ニンニク…1片（つぶしてからみじん切り）
マンゴー…3個（皮をむいて角切りにしておく）
硬めのトマト…2個（角切り）
ライムジュース…ライム2個を搾る
メスカル・アニェホ…225*ml*
海塩
ひきたての黒コショウ
オリーブ油またはパンプキンシード・オイル
コリアンダー…半束（飾り用に少し残し，あとはみじん切りにする）
植物油…675*ml*
豚バラ肉の薄切り…4 ～ 5枚

熱湯で豚バラ肉を10分ゆで，水分をふきとってから小麦粉（分量外）をまぶして油で揚げ，塩をふっておく。ベーコンをカリカリにして使ってもいい。そうすれば簡単で，スモーキーな風味もつく。
マンゴーを小さめのボウルの中でメスカルに漬けておく。大きめのボウルにきざんだ材料をすべて入れて混ぜ，食べる直前にカリカリの豚肉を入れて混ぜる。飾り用のコリアンダーとトルティーヤチップスを添える。

………………………………………

●サルサ・ボラッチャ（酔っ払いのサルサ）

デミアンおよびレネル・カマチョ・サンタ・アナのレシピ

アンチョ［メキシコ原産のマイルドなトウガラシ，ポブラノを干したもの］…4個
干したパシーヤ［辛くないトウガラシ。干したものは黒っぽく干しブドウのような味］…4個
タマネギ…中1個（みじん切り）
ニンニク…大1片（みじん切り）
搾りたてのオレンジジュース…240*ml*（オレンジ3個分ぐらい）

テキーラ（100パーセント・アガベのレポサド。たとえばサウザのスリー・ジェネレーション）…115*ml*
エキストラバージン・オリーブ油…55*ml*
おろしたコティハ・チーズ［メキシコ，ミチョアカン州コティハ産のハードチーズ］…50*g*
海塩
黒コショウ

トウガラシの両面を1分程度ずつさっと焼いた後，手袋をして茎や種子を取り除き，小さく裂いておく。同じフライパンでタマネギを色がつくまで炒め，ニンニクを加えて焦げないようにさっと炒める。タマネギ，ニンニク，トウガラシ，オレンジジュース，テキーラ，オリーブ油をすべてブレンダーにかけてピューレにする。それをフライパンにもどして10分ほど弱火でコトコト煮詰める。多くの人はこのサルサにおろしチーズをトッピングするが，混ぜてしまってもいい。チップスやタコスとともに食べてもいいし，赤身の牛肉やラム肉の料理に使ってもいい。

アメリカではアンチョとパシーヤを同じものとして売っている店がある。しかしアンチョはポブラノを干したもの，パシーヤはカラバカという細長い甘トウガラシを干したものである。またアメリカでコティハ産のコティハ・チーズを見つけるのは難しいこともあるが，手に入らなければ，産地の違うものやパルミジャーノ・レッジャーノなど熟成年数が長く，ハードタイプで塩味のきいたチーズを代わりに使ってもよい。

イアン・ウィリアムズ（Ian Williams）
ニューヨーク在住のジャーナリスト（「ネイション」誌国連担当記者）。著書に，ラム酒の歴史を描いた『*Rum: A Social and Sociable History of the Real Spirit of 1776*』他がある。

伊藤はるみ（いとう・はるみ）
1953年，名古屋市生まれ。愛知県立大学外国語学部フランス学科卒。主な訳書にジュディス・フランダーズ著『クリスマスの歴史』，ベン・ハバード著『図説・呪われたパリの歴史』，ジョナサン・ドイッチュ，ミーガン・J・イライアス『バーベキューの歴史』（以上，原書房），G・マテ『身体が「ノー」と言うとき』（日本教文社）などがある。

「食」の図書館

テキーラの歴史

●

2019年6月25日　第1刷

著者……………イアン・ウィリアムズ
訳者……………伊藤はるみ
装幀……………佐々木正見
発行者……………成瀬雅人
発行所……………株式会社原書房

〒160-0022 東京都新宿区新宿 1-25-13
電話・代表 03(3354)0685
振替・00150-6-151594
http://www.harashobo.co.jp

印刷……………新灯印刷株式会社
製本……………東京美術紙工協業組合

ISBN 978-4-562-05653-8, Printed in Japan

リンゴの歴史《「食」の図書館》

エリカ・ジャニク著　甲斐理恵子訳

エデンの園、白雪姫、重力の発見、パソコン…人類最初の栽培果樹であり、人間の想像力の源でもあるリンゴの驚きの歴史。原産地と栽培、神話と伝承、リンゴ酒（シードル）、大量生産の功と罪などを解説。　２０００円

ワインの歴史《「食」の図書館》

マルク・ミロン著　竹田円訳

なぜワインは世界中で飲まれるようになったのか？　8千年前のコーカサス地方の酒がたどった複雑で謎めいた歴史を豊富な逸話と共に語る。ヨーロッパからインド／中国まで、世界中のワインの話題を満載。　２０００円

モツの歴史《「食」の図書館》

ニーナ・エドワーズ著　露久保由美子訳

古今東西、人間はモツ（臓物以外も含む）をどのように食べ、位置づけてきたのか。宗教との深い関係、高級食材でもあり貧者の食べ物でもあるという二面性、食料以外の用途など、幅広い話題を取りあげる。　２０００円

砂糖の歴史《「食」の図書館》

アンドルー・F・スミス著　手嶋由美子訳

紀元前八千年に誕生したものの、多くの人が口にするようになったのはこの数百年にすぎない砂糖。急速な普及の背景にある植民地政策や奴隷制度等の負の歴史もふまえ、人類を魅了してきた砂糖の歴史を描く。　２０００円

オリーブの歴史《「食」の図書館》

ファブリーツィア・ランツァ著　伊藤綺訳

文明の曙の時代から栽培され、多くの伝説・宗教で重要な役割を担ってきたオリーブ。神話や文化との深い関係、栽培・搾油・保存の歴史、新大陸への伝播等を概観、また地中海式ダイエットについてもふれる。　２２００円

（価格は税別）

ソースの歴史 《「食」の図書館》

メアリアン・テブン著　伊藤はるみ訳

高級フランス料理からエスニック料理、B級ソースまで…世界中のソースを大研究！　実は難しいソースの定義、進化と伝播の歴史、各国ソースのお国柄、「うま味」の秘密など、ソースの歴史を楽しくたどる。　２２００円

水の歴史 《「食」の図書館》

イアン・ミラー著　甲斐理恵子訳

安全な飲み水の歴史は実は短い。いや、飲めない地域は今も多い。不純物を除去、配管・運搬し、酒や炭酸水として飲み、高級商品にもする…古代から最新事情まで、水の驚きの歴史を描く。　２２００円

オレンジの歴史 《「食」の図書館》

クラリッサ・ハイマン著　大間知知子訳

甘くてジューシー、ちょっぴり苦いオレンジは、エキゾチックな富の象徴、芸術家の霊感の源だった。原産地中国から世界中に伝播した歴史と、さまざまな文化や食生活に残した足跡をたどる。　２２００円

ナッツの歴史 《「食」の図書館》

ケン・アルバーラ著　田口未和訳

クルミ、アーモンド、ピスタチオ…独特の存在感を放つナッツは、ヘルシーな自然食品として再び注目を集めている。世界の食文化にナッツはどのように取り入れられていったのか。多彩なレシピも紹介。　２２００円

ソーセージの歴史 《「食」の図書館》

ゲイリー・アレン著　伊藤綺訳

古代エジプト時代からあったソーセージ。原料、つくり方、食べ方…地域によって驚くほど違う世界中のソーセージの歴史。馬肉や血液、腸以外のケーシング（皮）などの珍しいソーセージについてもふれる。　２２００円

（価格は税別）

カクテルの歴史《「食」の図書館》

ジョセフ・M・カーリン著　甲斐理恵子訳

氷やソーダ水の普及を受けて19世紀初頭にアメリカで生まれ、今では世界中で愛されているカクテル。原形となった「パンチ」との関係やカクテル誕生の謎、ファッションその他への影響や最新事情にも言及。

２２００円

メロンとスイカの歴史《「食」の図書館》

シルヴィア・ラブグレン著　龍和子訳

おいしいメロンはその昔、「魅力的だがきわめて危険」とされていた!?　アフリカからシルクロードを経てアジア、南北アメリカへ…先史時代から現代までの世界のメロンとスイカの複雑で意外な歴史を追う。

２２００円

ホットドッグの歴史《「食」の図書館》

ブルース・クレイグ著　田口未和訳

ドイツからの移民が持ち込んだソーセージをパンにはさむ――この素朴な料理はなぜアメリカのソウルフードにまでなったのか。歴史、つくり方と売り方、名前の由来ほか、ホットドッグのすべて！

２２００円

トウガラシの歴史《「食」の図書館》

ヘザー・アーント・アンダーソン著　服部千佳子訳

マイルドなものから激辛まで数百種類。メソアメリカで数千年にわたり栽培されてきたトウガラシが、スペイン人によってヨーロッパに伝わり、世界中の料理に「なくてはならない」存在になるまでの物語。

２２００円

キャビアの歴史《「食」の図書館》

ニコラ・フレッチャー著　大久保庸子訳

ロシアの体制変換の影響を強く受けながらも常に世界を魅了してきたキャビアの歴史。生産・流通・消費についてはもちろん、ロシア以外のキャビア、乱獲問題、代用品、買い方・食べ方他にもふれる。

２２００円

（価格は税別）

トリュフの歴史　《「食」の図書館》
ザッカリー・ノワク著　富原まさ江訳

かつて「蛮族の食べ物」とされたグロテスクなキノコはいかにグルメ垂涎の的となったのか。文化・歴史・科学等の幅広い観点からトリュフの謎に迫る。フランス・イタリア以外の世界のトリュフも取り上げる。２２００円

ブランデーの歴史　《「食」の図書館》
ベッキー・スー・エプスタイン著　大間知知子訳

「ストレートで飲む高級酒」が「最新流行のカクテルベース」に変身…再び脚光を浴びるブランデーの歴史。蒸溜と錬金術、三大ブランデーの歴史、ヒップホップとの関係、世界のブランデー事情等、話題満載。２２００円

ハチミツの歴史　《「食」の図書館》
ルーシー・M・ロング著　大山晶訳

現代人にとっては甘味料だが、ハチミツは古来神々の食べ物であり、薬、保存料、武器でさえあった。ミツバチと養蜂、食べ方・飲み方の歴史から、政治、経済、文化との関係まで、ハチミツと人間との歴史。２２００円

海藻の歴史　《「食」の図書館》
カオリ・オコナー著　龍和子訳

欧米では長く日の当たらない存在だったが、スーパーフードとしていま世界中から注目される海藻…世界各地のすぐれた海藻料理、海藻食文化の豊かな歴史をたどる。日本の海藻については一章をさいて詳述。２２００円

ニシンの歴史　《「食」の図書館》
キャシー・ハント著　龍和子訳

戦争の原因や国際的経済同盟形成のきっかけとなるなど、世界の歴史で重要な役割を果たしてきたニシン。食、環境、政治経済…人間とニシンの関係を多面的に考察。日本のニシン、世界各地のニシン料理も詳述。２２００円

（価格は税別）

ジビエの歴史《「食」の図書館》

ポーラ・ヤング・リー著　堤理華訳

古代より大切なタンパク質の供給源だった野生動物の肉ジビエ。やがて乱獲を規制する法整備が進み、身近なものではなくなっていく。人類の歴史に寄り添いながらも注目されてこなかったジビエに大きく迫る。２２００円

牡蠣の歴史《「食」の図書館》

キャロライン・ティリー著　大間知　知子訳

有史以前から食べられ、二千年以上前から養殖もされてきた牡蠣をめぐって繰り広げられてきた濃厚な歴史。古今東西の牡蠣料理、牡蠣の保護、「世界の牡蠣産業の救世主」日本の牡蠣についてもふれる。２２００円

ロブスターの歴史《「食」の図書館》

エリザベス・タウンセンド著　元村まゆ訳

焼く、茹でる、汁物、刺身とさまざまに食べられるロブスター。日常食から贅沢品へと評価が変わり、現在は人道的に息の根を止める方法が議論される。人間の注目度にふりまわされるロブスターの運命を辿る。２２００円

ウオッカの歴史《「食」の図書館》

パトリシア・ハーリヒー著　大山晶訳

安価でクセがなく、汎用性が高いウオッカ。ウオッカはどこで誕生し、どのように世界中で愛されるようになったのか。魅力的なボトルデザインや新しい飲み方についても解説しながら、ウオッカの歴史を追う。２２００円

キャベツと白菜の歴史《「食」の図書館》

メグ・マッケンハウプト著　角敦子訳

大昔から人々に愛されてきたキャベツと白菜。育てやすくて栄養にもすぐれている反面、貧者の野菜とも言われてきた。キャベツと白菜にまつわる驚きの歴史、さまざまな民族料理、最新事情を紹介する。２２００円

（価格は税別）